伟大的基因工程

胡 郁 ◎ 主编

时代出版传媒股份有限公司
安徽美术出版社
全国百佳图书出版单位

图书在版编目（CIP）数据

伟大的基因工程/胡郁主编. —合肥：安徽美术出版社，2013.3（2021.11重印）（少年知本家. 身边的科学）
　　ISBN 978–7–5398–4257–8

Ⅰ. ①伟… Ⅱ. ①胡… Ⅲ. ①基因工程–青年读物②基因工程–少年读物 Ⅳ. ①Q78–49

中国版本图书馆 CIP 数据核字（2013）第 044148 号

少年知本家·身边的科学
伟大的基因工程
胡郁 主编

出　版　人：王训海
责任编辑：张婷婷
责任校对：倪雯莹
封面设计：三棵树设计工作组
版式设计：李　超
责任印制：缪振光
出版发行：时代出版传媒股份有限公司
　　　　　安徽美术出版社（http://www.ahmscbs.com）
地　　址：合肥市政务文化新区翡翠路 1118 号出版传媒广场 14 层
邮　编：230071
销售热线：0551-63533604　0551-63533690
印　　制：河北省三河市人民印务有限公司
开　　本：787mm×1092mm　1/16　印　张：14
版　　次：2013 年 4 月第 1 版　2021 年 11 月第 3 次印刷
书　　号：ISBN 978–7–5398–4257–8
定　　价：42.00 元

如发现印装质量问题，请与销售热线联系调换。
版权所有　侵权必究
本社法律顾问：安徽承义律师事务所　孙卫东律师

前言 PREFACE

伟大的基因工程

1859年，达尔文发表《物种起源》；1866年，孟德尔通过豌豆实验发现生物的遗传基因规律；1953年，美国人沃森和英国人克里克通过实验提出了DNA分子的双螺旋模型。特别是进入到20世纪50年代以后，以基因科学为核心的生命科学突飞猛进，新概念、新名词日新月异，与时俱增。基因也成为运用次数最多的名词之一。

近几十年来，人们对基因的认识之深、之广，已远非100年前可以相比。很多曾经被我们视为常识的东西，在今天都遭到新研究的质疑，甚至被彻底推翻。癌症是怎么引起的？智力会遗传吗？地球上最古老的生命是什么？人类从哪里起源？这些问题在今天的回答，已经和三四十年前大不相同了，正是有了这些崭新的认识，像生物工程、医学、农学这样的应用科技，才能在近年和可预计的将来同样发生翻天覆地的变化。

基因工程与国计民生关系十分密切，人们要丰衣足食、安居乐业、健康长寿都离不开基因科学。例如，基因工程的突破将帮助人类延年益寿。目前，一些国家人口的平均寿命已突破80岁，中国也突破了70岁。有科学家预言，随着癌症、心脑血管疾病等顽症的有效攻克，在2020至2030年，可能出现人口平均寿命突破100岁的国家。到2050年，人类的平均寿命将达到90至95岁。

  本书旨在帮助读者较全面地了解基因科学知识及基因科学在工业、农业、医学等诸多方面的应用价值。本书在保证科学性的基础上，注重趣味性和可读性，力争使读者在轻松的阅读过程中增长知识。

CONTENTS 目录 伟大的基因工程

概 述

- 什么是基因？ ………………………………………… 2
- 基因的类别 …………………………………………… 4
- 基因工程的兴起 ……………………………………… 7
- 基因工程的意义 ……………………………………… 8
- 我国基因研究的成果 ………………………………… 9
- 基因突变 ……………………………………………… 10
- 基因重组 ……………………………………………… 13
- 转基因技术 …………………………………………… 15
- 基因工程的应用 ……………………………………… 19

人类基因探秘

- 出生之谜 ……………………………………………… 30
- 孩子为什么会像父母？ ……………………………… 32
- 双胞胎都一样吗？ …………………………………… 35
- 近亲结婚的恶果 ……………………………………… 37
- 睡眠长短由基因控制 ………………………………… 39
- 人类奴性基因 ………………………………………… 41
- 疲劳基因 ……………………………………………… 43

人类基因组 44

DNA——解开遗传的密码

从豌豆实验到噬菌体的发现 54

DNA 双螺旋结构 58

四种脱氧核苷酸 63

DNA 的复制 64

"垃圾" DNA 71

不可忽视的"垃圾" DNA 片段 72

基因垃圾的由来 74

不是垃圾而是宝藏 77

保守的"垃圾" DNA 79

"滴血认亲"是真的吗? 82

人类指纹图的妙用 84

基因与克隆技术

什么是克隆? 88

小羊"多莉"的烦恼 90

植物"试管婴儿" 93

人类都克隆了什么? 96

克隆人违背伦理遭反对呼声 100

转基因农作物

概　述 106

杂交水稻 107

太空椒	109
棉花不长虫了！	112
能抗癌的番茄	113
改变基因的食物	115
转基因食品	119
多彩的玉米	120

动物与人类的亲密接触

猿是人类的祖先	124
可爱的小老鼠	128
狗是人类最好的朋友	131
鸡的基因图谱	133
疯了的牛	135
塞舌尔莺改进后代遗传质量的行为	137
气候变化改变动物基因	138

与生俱来的病痛

哪些病是与生俱来的？	142
基因治疗技术	149
基因突变导致遗传性视网膜病变	151
肥胖的身体带来的不便	152
瘦蛋白基因	155
寿命的性别差异	157
种族体质的"优劣"	158

复活史前巨兽是真的吗？

科学家对于复活恐龙的努力　168

猛犸象干尸的发现　173

袋狼是什么狼？　178

基因探寻世界未解之谜

左撇子更聪明吗？　182

人类利他行为与基因有关　185

人类智慧起源之谜　187

艾滋病病毒从哪里来？　191

人的头颅可以移植吗？　197

基因工程的展望

基因工程与医药卫生　202

基因工程与农牧业　203

基因工程与环境保护　204

转基因食品的发展　207

转基因食品的安全性　208

基因技术：进退两难的境地　211

后基因组生物学研究　213

伟大的基因工程

概 述

基因工程是在分子生物学和分子遗传学综合发展的基础上,于20世纪70年代诞生的一门崭新的生物技术科学。它是生物工程的一个重要分支,和细胞工程、酶工程、蛋白质工程及微生物工程共同组成了生物工程。

一般来说,基因工程是指在基因水平上的遗传工程。基因工程是用人为方法将所需要的某一供体生物的遗传物质——DNA大分子提取出来,在离体条件下用适当的工具酶进行切割后,把它与作为载体的DNA分子连接起来,然后与载体一起导入某一更易生长、繁殖的受体细胞中,以便让外源遗传物质在其中"安家落户",进行正常复制和表达,从而获得新物种的一种崭新技术。

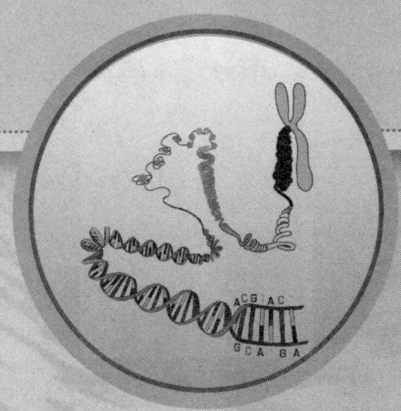

伟大的基因工程

什么是基因？

基因——有遗传效应的 DNA 片断，是控制生物性状的基本遗传单位。

人们对基因的认识是不断发展的。19 世纪 60 年代，遗传学家孟德尔就提出了生物的性状是由遗传因子控制的观点，但这仅仅是一种逻辑推理的产物。20 世纪初期，遗传学家通过果蝇的遗传实验，认识到基因存在于染色体上，并且在染色体上呈线性排列，从而得出了染色体是基因载体的结论。

20 世纪 50 年代以后，随着分子遗传学的发展，尤其是沃森和克里克提出 DNA 分子双螺旋结构以后，人们才真正认识了基因的本质，即基因是具有遗传效应的 DNA 片断。研究结果还表明，每条染色体只含有 1～2 个 DNA 分子，每个 DNA 分子上有多个基因，每个基因含有成百上千个脱氧核苷酸。由于不同基因的脱氧核苷酸的排列顺序（碱基序列）不同，因此，不同的基因就含有不同的遗传信息。1994 年，中科院曾邦哲提出系统遗传学的概念与原理，探讨了猫之所以为猫、虎之所以为虎的基因逻辑与语言，进行了基因之间相互关系与基因组逻辑结构及其程序化表达的发生研究。

基因有两个特点，一是能忠实地复制自己，以保持生物的基本特征；二是能够突变，基因突变绝大多数会导致疾病，另外的一小部分是非致病突变。非致病突变给自然选择带来了原始材料，使生物可以在自然选择中被选择出最适合自然的个体。

含特定遗传信息的核苷酸序列，是遗传物质的最小功能单位。除某些病毒的基因由核糖核酸（RNA）构成以外，多数生物的基因由脱氧核糖核酸（DNA）构成，并在染色体上呈线状排列。"基因"一词通常指染色体基因。在真核生物中，由于染色体都在细胞核内，所以又称为核基因。位于线粒体和叶绿体等细胞器中的基因则称为染色体外基因、细胞质基因，也可以分别称为线粒体基因和叶绿体基因。

基本小知识

细胞核

细胞核是存在于真核细胞中的封闭式膜状胞器，内部含有细胞中大多数的遗传物质，也就是DNA。这些DNA与多种蛋白质，如组织蛋白，复合形成染色质。而染色质在细胞分裂时，会浓缩形成染色体，其中所含的所有基因合称为核基因组。细胞核的作用是维持基因的完整性，并通过调节基因表现来影响细胞活动。

在通常的二倍体的细胞或个体中，能维持配子或配子体正常功能的最低数目的一套染色体称为染色体组或基因组，一个基因组中包含一整套基因。相应的全部细胞质基因构成一个细胞质基因组，其中包括线粒体基因组和叶绿体基因组等。原核生物的基因组是一个单纯的DNA或RNA分子，因此又称为基因带。

基因在染色体上的位置称为座位，每个基因都有自己特定的座位。凡是在同源染色体上占据相同座位的基因都称为等位基因。在自然群体中往往有一种占多数的（因此常被视为正常的）等位基因，称为野生型基因；同一座位上的其他等位基因一般都直接或间接地由野生型基因通过突变产生，相对于野生型基因，称它们为突变型基因。

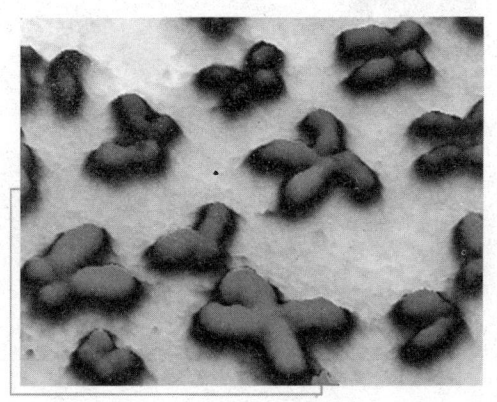

人类染色体

在二倍体的细胞或个体内有两个同源染色体，所以每一个座位上有两个等位基因。如果这两个等位基因是相同的，那么就这个基因座位来讲，这种细胞或个体称为纯合子；如果这两个等位基因是不同的，就称为杂合子。在杂合体中，两个不同的等位基因往往只表现一个基因的性状，这个基因称为显性基因，另一个基因则称为隐性基因。在二倍体的生物群体中等位基因往往不止两个，两个以上的等位基因称为复等位基因。不过有一部分早期认为是属于复等位基因的基因，实际上并不是真正的等位基因，而是在功能上密切相关、在位置上又邻接的几个基因，所以把它们另称为拟等位基因。某些表型效应差异极少的复等位基因的存在很容易被忽视，通过特殊的遗传学分析可以分辨出存在于野生群体中的几个等位基因。这种从性状上难以区分的复等位基因称为同等位基因。许多编码同工酶的基因也是同等位基因。

属于同一染色体的基因构成一个连锁群。基因在染色体上的位置一般并不反映它们在生理功能上的性质和关系，但它们的位置和排列也不完全是随机的。在细菌中编码同一生物合成途径中有关酶的一系列基因常排列在一起，构成一个操纵子；在人、果蝇和小鼠等不同的生物中，也常发现在作用上有关的几个基因排列在一起，构成一个基因复合体或基因簇。

基本小知识

基因工程药物

基因工程药物是重组 DNA 的表达产物。广义地说，凡是在药物生产过程中涉及基因工程的，都可以成为基因工程药物。基因工程药物研究的重点是从蛋白质类药物，如胰岛素、人生长激素、促红细胞生成素等的分子蛋白质，转移到寻找小分子蛋白质药物。这是因为蛋白质的分子一般都比较大，不容易穿过细胞膜，因而影响其药理作用的发挥，而小分子蛋白质药物在这方面就具有明显的优越性。

基因的类别

20 世纪 60 年代初，科学家发现了调节基因。把基因区分为结构基因和调节基因是着眼于这些基因所编码的蛋白质的作用：凡是编码酶蛋白、血红蛋白、胶原蛋白或晶体蛋白等蛋白质的基因都称为结构基因；凡是编码阻遏或激活结构基因转录的蛋白质的基因都称为调节基因。

但是从基因的原初功能这一角度来看,它们都是编码蛋白质。根据原初功能基因可分为:①编码蛋白质的基因,包括编码酶和结构蛋白的结构基因以及编码作用于结构基因的阻遏蛋白或激活蛋白的调节基因。②没有翻译产物的基因。它转录成为RNA以后不再翻译成为蛋白质的转移核糖核酸基因和核糖体核酸基因。③不转录的DNA区段。如启动区、操纵基因等,前者是转录时RNA多聚酶开始和DNA结合的部位;后者是阻遏蛋白或激活蛋白和DNA结合的部位。

广角镜

胶原蛋白

胶原蛋白是一种生物性高分子物质,在动物细胞中扮演结合组织的角色。胶原蛋白是生物科技产业最具关键性的原材料之一,也是需求量十分庞大的最佳生物医学材料,其应用领域包括化妆品、食品工业、研究领域等。

拓展思考

调节基因

一个基因如果对另一个或几个基因具有阻遏作用或激活作用则称该基因为调节基因。调节基因通过对被调节的结构基因转录的控制而发挥作用。具有阻遏作用的调节基因不同于抑制基因,因为抑制基因作用于突变基因而且本身就是突变基因,调节基因则作用于野生型基因而且本身也是野生型基因。

一个生物体内的各个基因的作用时间常不相同,有一部分基因在复制前转录,称为早期基因;有一部分基因在复制后转录,称为晚期基因。一个基因发生突变而使几种看来没有关系的性状同时改变,这个基因就称为多效基因。

不同生物的基因数目有很大差异,已经确认RNA噬菌体MS2只有3个基因,而哺乳动物的每一细胞中至少有100万个基因,但其中极大部分为重复序列,而非重复的序列中,编码肽链的基因估计不超过10万个。除了单纯的重复基因外，还有一些结构和功能都相似的为数众多的基因，它们往往紧密连锁，构成所谓的基因复合体或叫作基因家族。

◎ 等位基因

等位基因是位于一对同源染色体的相同位置上控制某一性状的不同形态的基因。不同的等位基因产生例如发色或血型等遗传特征的变化。等位基因控制相对性状的显隐性关系及遗传效应，可将等位基因区分为不同的类别。在个体中，等位基因的某个形式（显性的）可以比其他形式（隐性的）表达得多。等位基因是同一基因的另外"版本"。例如，控制卷舌运动的基因不止一个"版本"，这就解释了为什么一些人能够卷舌，而一些人却不能。有缺陷的基因"版本"与某些疾病有关，如囊性纤维化。值得注意的是，每个染色体都有一对"复制本"，一个来自父亲，一个来自母亲。这样，我们的大约3万个基因中的每一个都有两个"复制本"。这两个"复制本"可能相同（相同等位基因），也可能不同。

◎ 拟等位基因

拟等位基因是表型效应相似，功能密切相关，在染色体上的位置又紧密连锁的基因。它们像是等位基因，而实际不是等位基因。

拟等位基因不仅在功能上和真正的等位基因很相似，而且在转位后能产生突变体表型。它们不仅存在于果蝇中，而且在玉米中也已发现，特别在某些微生物中发现的频率相当高。分子遗传学对这个问题曾有很多解释，然而由于目前对真核生物的基因调节还知之不多，所以还无法充分了解。

◎ 复等位基因

基因如果存在多种等位基因的形式，这种现象就称为复等位基因。任何一个二倍体个体，每一基因座位上只有两个不同的等位基因。

在完全显性中，显性基因中纯合子和杂合子的表型相同。在不完全显性中杂合子的表型是显性和隐性两种纯合子的中间状态。这是由于杂合子中的一个基因无功能，而另一个基因存在剂量效应所致。完全显性中杂合子的表型是兼有显性、隐性两种纯合子的表型。这是由于杂合子中一对等位基因都得到表达所致。

基因工程的兴起

基因工程是生物工程的一个重要分支，它和细胞工程、酶工程、蛋白质工程和微生物工程共同组成了生物工程。所谓基因工程是在分子水平上对基因进行操作的复杂技术，是将外源基因通过体外重组后导入受体细胞内，使这个基因能在受体细胞内复制、转录、翻译表达的操作。基因工程是用人为的方法将所需要的某一供体生物的遗传物质——DNA 大分子提取出来，在离体条

你知道吗

基因治疗

基因治疗是指将外源正常基因导入靶细胞，以纠正或补偿因基因缺陷和异常引起的疾病，以达到治疗目的，也就是将外源基因通过基因转移技术插入病人的适当的受体细胞中，使外源基因制造的产物能治疗某种疾病。从广义上说，基因治疗还可包括从 DNA 水平采取的治疗某些疾病的措施和新技术。

件下用适当的工具酶进行切割后，把它与作为载体的 DNA 分子连接起来，然后与载体一起导入某一更易生长、繁殖的受体细胞中，以便让外源物质在其中"安家落户"，进行正常的复制和表达，从而获得新物种的一种崭新技术。

基因工程具有以下几个重要特征：首先，外源核酸分子在不同的寄主生物中进行繁殖，能够跨越天然物种屏障，把来自任何一种生物的基因放置到新的生物中，而这种生物可以与原来的生物毫无亲缘关系，这种能力是基因工程的第一个重要特征。第二个特征是，一种确定的 DNA 小片段在新的寄主

细胞中进行扩增,这样实现很少量DNA样品拷贝出大量的DNA,而且是大量没有污染任何其他DNA序列的、绝对纯净的DNA分子群体。科学家将改变人类生殖细胞DNA的技术称为基因治疗,通常所说的基因工程则是针对改变动植物生殖细胞的技术。无论称谓如何,改变个体生殖细胞的DNA都将可能使其后代发生同样的改变。

基因工程的意义

基因工程的用途主要是用来形成自然界中没有的生物新品种、新物种,进而利用这些生物生产人类所需要的其他产品。

当前,生物学中富有前瞻性的基因工程技术正以惊人的速度发展着,其中如DNA序列测定技术、基因突变技术以及基因扩增技术等一大批新技术正在逐渐走向成熟。

基因工程使整个生物学科学、生物技术进入了一个新的时代,传统的生物技术与基因工程的结合,焕发了青春,产生了富有无限生机的现代技术。

例如,要用原来的生物技术获得1毫克生长激素抑制素,需用10万只羊的下丘脑才行,其所耗费资金的数量,与航天领域中,借助载人飞行器"阿波罗"宇宙飞船从月球上搬回1千克石头的耗费相当。现在,借助基因工程,就简单多了,所需费用也小得多,只要2升细菌培养液就可以了。人工合成的人生长激素抑制素基因,通过重组可成为一

基因的神奇功效

科学研究证明,一些威胁人类健康的主要疾病,例如心脑血管疾病、糖尿病、肝病、癌症等都与基因有关。依据已经破译的基因序列和功能,找出这些基因并针对相应的病变区位进行药物筛选,或基于已有的基因知识来设计新药,就能有的放矢地修补或替换这些病变的基因,从而根治顽症。

个高效表达载体。它在大肠杆菌中进行表达，只需要 10 升这种重组的大肠杆菌培养液，就可以获得了。

基因工程在医疗领域发展迅速。例如，许多人生病是因为体内缺少一定量的某种抗体。用传统的方法来制备抗体，时间长、耗资大，而且不够稳定。1989 年，美国生物学家运用基因工程技术，将获得抗体的重链基因和轻链基因进行基因重组，并使之转入烟草细胞，利用植物细胞组织培养技术，培养出了转基因烟草。这样，在烟草叶片上就能够产生占叶蛋白总量 1.3% 的抗体，这些抗体足够 27 万病人使用 1 年！

基因工程前景广阔，各国科学家都在加紧研究。我们国家的基因工程研究，与国外相比，虽起步较晚，但也获得了较大的发展，取得了一定的科研成果。例如，我国已经研制成功和正在研制的基因工程产品就有几十种，有些已经投产并开始使用，如基因工程乙型肝炎疫苗等。

总之，基因工程给传统生物技术带来了彻底的革新，而且其应用范围仍然在不断加深、扩大，前景是十分诱人的。它等待着我们的青少年，去探索，去实践，从而取得更大的成功。

我国基因研究的成果

以破译人类基因组全部遗传信息为目的的科学研究，是当前国际生物医学界攻克的前沿课题之一。据介绍，这项研究中最受关注的是对人类疾病相关基因和具有重要生物学功能的基因的克隆分离和鉴定，以此获得对相关疾病进行基因治疗的可能性。

人类基因项目是国家"863 计划"的重要组成部分。在医学上，人类基因与人类的疾病有相关性，一旦弄清某基因与某疾病的具体关系，人们就可以制造出该疾病的基因药物，这对人类的健康长寿将会产生巨大影响。据介绍，人类基因样本总数约 10 万条，现已找到并完成测序的约有 8000 条。

伟大的基因工程

近些年我国对人类基因组研究十分关注，在国家自然科学基金、"863 计划"以及地方政府等多渠道的经费资助下，北京、上海两地已建立了具备先进科研条件的国家级基因研究中心。同时，科技人员紧跟世界新技术的发展，在基因工程研究的关键技术和成果产业化方面均有突破性的进展。我国人类基因组研究已走在世界先进行列，某些基因工程药物也开始进入应用阶段。目前，我国在蛋白基因的突变研究、血液病的基因治疗、食管癌研究、分子进化理论、白血病相关基因的结构研究等项目的基础性研究上，有的成果已处于国际领先水平，有的已形成了自己的技术体系。而乙肝疫苗、重组人红细胞生成素等 10 多个基因工程药物，均已进入了产业化阶段。

基因突变

由于 DNA 分子中发生碱基对的增添、缺失或改变，而引起的基因结构的改变，就叫作基因突变。

1 个基因内部可以遗传的结构的改变，又称为点突变，通常可引起一定的表型变化。广义的基因突变包括染色体畸变，狭义的突变专指点突变。实际上染色体畸变和点突变的界限并不明确，特别是微细的染色体畸变更是如此。野生型基因通过突变成为突变型基因。"突变型"一词既指突变基因，也指具有这一突变基因的个体。

拓展阅读

染色体畸变

染色体畸变是指染色体数目的增减或结构的改变。因此，染色体畸变可分为数目畸变和结构畸变两大类。染色体畸变会导致各种疾病，例如，先天愚型病，病因是因为多了一条小的第 21 号染色体。患者有发育迟缓、智力低下，平均寿命很短等症状。

基因突变通常发生在 DNA 复制时期，即细胞分裂间期，包括有丝分裂间期和减数分裂间期；同时基因突变和脱氧核糖核酸的复制以及 DNA 损伤修复、癌变和衰老都有关系。基因突变也是生物进化的重要因素之一，所以研究基因突变除了本身的理论意义以外还有广泛的生物学意义。基因突变为遗传学研究提供突变型，为育种工作提供素材，所以它还有科学研究和生产上的实际意义。

◎ 基因突变的特性

不论是真核生物还是原核生物的突变，也不论是什么类型的突变，都具有随机性、低频性、可逆性、少利多害性和不定向性等共同的特性。

1. 随机性。它是指基因突变的发生在时间上、在发生这一突变的个体上、在发生突变的基因上，都是随机的。在高等植物中所发现的无数基因突变都说明基因突变的随机性。在细菌中情况则比较复杂。

2. 低频性。突变是极为稀有的，基因以极低的突变率（生物界总体平均突变率为 0.0001%）发生突变。

3. 可逆性。突变基因又可以通过突变而成为野生型基因，这一过程称为回复突变。正向突变率总是高于回复突变率，一个突变基因内部只有一个位置上的结构改变才能使它恢复原状。

4. 少利多害性。基因突变一般会产生不利的影响，如导致物种死亡，但

拓展阅读

真核生物

真核生物是所有单细胞、多细胞和细胞具有细胞核的生物的总称，它包括所有动物、植物、真菌和其他具有由膜包裹着的复杂亚细胞结构的生物。真核生物与原核生物的根本性区别是前者的细胞内含有细胞核，因此以真核来命名这一类细胞。许多真核细胞中还含有其他细胞器，如线粒体、叶绿体、高尔基体等。

有极少数会使物种增强适应性。

5. 不定向性。例如控制小鼠毛色的灰色基因可能突变为黄色基因，也可能突变为黑色基因。

◎ 基因突变的种类

基因突变可以是自发的也可以是诱发的。自发产生的基因突变型和诱发产生的基因突变型之间没有本质上的不同，基因突变诱变剂的作用也只是提高了基因的突变率。

按照表型效应，突变型可以区分为形态突变型、生化突变型以及致死突变型等。这样的区分并不涉及突变的本质，而且也不严格。因为形态的突变和致死的突变必然有它们的生物化学基础，所以严格地讲一切突变型都是生物化学突变型。按照基因结构改变的类型，基因突变可分为碱基置换、移码、缺失和插入4种。按照遗传信息的改变方式，基因突变又可分为错义、无义和同义三类。

对于人类来讲，基因突变可以是有用的，也可以是有害的。

1. 诱变育种。通过诱发使生物产生大量而多样的基因突变，可以帮助人们根据需要选育出优良品种，这是基因突变的有用的方面。在化学诱变剂发现以前，植物育种工作主要采用辐射作为诱变剂；化学诱变剂发现以后，诱变手段便大大地增加了。在微生物的诱变育种工作中，由于容易在短时间中处理大量的个体，所以一般只是要求诱变剂的作用强，也就是说要求它能产生大量的突变。对于难以在短时间内处理大量个体的高等植物来讲，则要求诱变剂的作用较强，效率较高并较为专一。所谓效率较高便是产生更多的基因突变和较少的染色体畸变。所谓专一便是产生特定类型的突变型。以色列培育"彩色青椒"的关键技术就是把青椒种子送上太空，使其在完全失重状态下发生基因突变来育种。

2. 害虫防治。用诱变剂处理害虫使之发生致死的或条件致死的突变。

3. 诱变物质的检测。多数基因突变对于生物本身来讲是有害的，人类的癌症的发生也和基因突变有密切的关系，因此环境中的诱变物质的检测已成为公共卫生的一项重要任务。从基因突变的性质来看，检测方法分为显性突变法、隐性突变法和回复突变法三类。

除了用来检测基因突变的许多方法以外，还有许多用来检测染色体畸变和姐妹染色单体互换的测试系统。当然对于药物的致癌活性最可靠的测定是哺乳动物体内致癌情况的检测。但是利用微生物中诱发回复突变这一指标作为致癌物质的初步筛选，仍具有重要的实际意义。

基因重组

基因重组是指由于不同 DNA 链的断裂和连接而产生 DNA 片段的交换和重新组合，形成新 DNA 分子的过程。基因重组是生物遗传变异的一种机制。

原核生物的基因重组有转化、转导和接合等方式。受体细胞直接吸收来自供体细胞的 DNA 片段，并使它整合到自己的基因组中，从而获得供体细胞部分遗传性状的现象，称为转化。通过噬菌体媒介，将供体细胞 DNA 片段带进受体细胞中，使后者获得前者的部分遗传性状的现象，称为转导。自然界中转导现象较普遍，它可能是低等生物进化过程中产生新的基因组合的一种基本方式。供体菌和受体菌的完整细胞经直接接触而传递大段 DNA 遗传信息的现象，称为接合。高等动植物中的基因重组通常在有性生殖过程中进行，即在性细胞成熟并发生减数分裂时同源染色体的部分遗传物质可实现交换，导致基因重组。基因重组是杂交育种的生物学基础，对生物圈的繁荣昌盛起重要作用，也是基因工程中的关键性内容。基因工程的特点是基因体外重组，即在离体条件下对 DNA 分子切割并将其与载体 DNA 分子连接，得到重组 DNA。1977 年，美国科学家首次用重组的人生长激素释放抑制因子基因生产人生长激素释放抑制因子获得成功。此后，基因重组技术在重要医药的生产上以及农牧业育种等领域中均取得了很多成果，预计未来在生产治疗心血管

伟大的基因工程

病、镇痛和清除血栓等药物方面基因重组技术将发挥更大的作用。

趣味点击　大肠杆菌

大肠杆菌是人和许多动物肠道中最主要且数量最多的一种细菌,周身鞭毛,无芽孢,主要生活在大肠内。大肠杆菌对人和动物有病原性,尤其对婴儿和幼畜,常引起严重腹泻和败血症。它是一种普通的原核生物,可将其分为致病性大肠杆菌和非致病性大肠杆菌两类。

从广义上讲,任何造成基因型变化的基因交流过程,都叫作基因重组。而狭义的基因重组仅指涉及 DNA 分子内断裂与复合的基因交流。真核生物在减数分裂时,通过非同源染色体的自由组合形成各种不同的配子,雌雄配子结合产生基因型各不相同的后代,这种重组过程虽然也导致基因型的变化,但是由于它不涉及 DNA 分子内的断裂与复合,因此,不包括在狭义的基因重组的范围之内。

根据重组的机制和对蛋白质因子的要求不同,可以将狭义的基因重组分为3种类型,即同源重组、位点特异性重组和异常重组。同源重组的发生依赖于大范围的 DNA 同源序列的联会,在重组过程中,两条染色体或 DNA 分子相互交换对等的部分。真核生物的非姐妹染色单体的交换、细菌以及某些低等真核生物的转化、细菌的转导接合、噬菌体的重组等都属于这种类型。大肠杆菌的同源重组需要 RecA 蛋白,类似的蛋白质也存在于其他细菌中。位点特异性重组发生在两个 DNA 分子的特异位点上。它

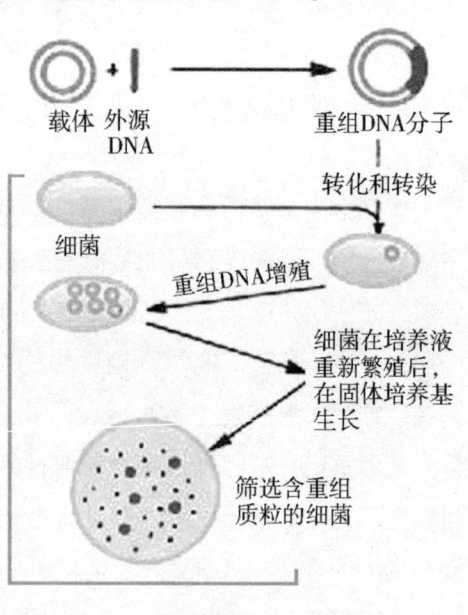

基因重组

的发生依赖于小范围的 DNA 同源序列的联会，重组也只限于这个小范围。两个 DNA 分子并不交换对等的部分，有时是一个 DNA 分子整合到另一个 DNA 分子中。这种重组不需要 RecA 蛋白的参与。异常重组发生在顺序不相同的 DNA 分子间，在形成重组分子时往往依赖于 DNA 的复制而完成重组过程。例如，在转座过程中，转座因子从染色体的一个区段转移到另一个区段，或从一条染色体转移到另一条染色体。这种类型的重组也不需要 RecA 蛋白的参与。

转基因技术

将人工分离和修饰过的基因导入到生物体基因组中，由于导入基因的表达，引起生物体的性状的可遗传的修饰，这一技术被人们称为转基因技术。人们常说的"遗传工程""基因工程""遗传转化"均为转基因的同义词。经转基因技术修饰过的生物体常被人们称为"遗传修饰过的生物体"。

转基因技术包括外源基因的克隆、表达载体、受体细胞，以及转基因途径等。外源基因的人工合成技术、基因调控网络的人工设计发展，导致了 21 世纪的转基因技术将走向合成生物学时代。

◎ 常用的植物转基因方法

遗传转化的方法按其是否需要通过组织培养再生植株可分成两大类，第一类需要通过组织培养再生植株，常用的方法有农杆菌介导转化法、基因枪法；另一类方法不需要通过组织培养，目前比较成熟的主要有花粉管通道法。

1. 农杆菌介导转化法。农杆菌是普遍存在于土壤中的一种革兰氏阴性细菌，它能在自然条件下趋化性地感染大多数双子叶植物的受伤部位，并诱导产生冠瘿瘤或发状根。根癌农杆菌和发根农杆菌细胞中分别含有 Ti 质粒和 Ri 质粒，其上有一段 T–DNA，农杆菌通过侵染植物伤口进入细胞后，可将

T-DNA插入到植物基因组中。因此，农杆菌是一种天然的植物遗传转化体系。人们将目的基因插入到经过改造的T-DNA区，借助农杆菌的感染实现外源基因向植物细胞的转移与整合，然后通过细胞和组织培养技术，再生出转基因植株。

农杆菌介导转化法起初只被用于双子叶植物中，近年来，农杆菌介导转化法在一些单子叶植物（尤其是水稻）中也得到了广泛应用。

2. 基因枪法。该方法利用火药爆炸或高压气体加速（这一加速设备被称为基因枪），将包裹了带目的基因的DNA溶液的高速微弹直接送入完整的植物组织和细胞中，然后通过细胞和组织培养技术，再生出植株，其中转基因阳性植株即为转基因植株。与农杆菌转化法相比，基因枪法的一个主要优点是不受受体植物范围的限制。而且其载体质粒的构建也相对简单，因此也是目前转基因研究中应用较为广泛的一种方法。

基因枪

3. 花粉管通道法。在植物授粉后向子房注射符合目的基因的DNA溶液，利用植物在开花、受精过程中形成的花粉管通道，将外源DNA导入受精卵细胞，并进一步地被整合到受体细胞的基因组中，随着受精卵的发育而成为带转基因的新个体，这就是花粉管通道法。该方法于20世纪80年代初期由我

基本小知识

细　胞

　　细胞是生命活动的基本单位。已知除病毒之外的所有生物均由细胞所组成，但病毒的生命活动也必须在细胞中才能体现。一般来说，细菌等绝大部分微生物以及原生动物由一个细胞组成，即单细胞生物；高等植物与高等动物则是多细胞生物。细胞可分为两类：原核细胞、真核细胞。但也有人提出应分为三类，即把原属于原核细胞的古核细胞独立出来作为与之并列的一类。研究细胞的学科被人们称为细胞生物学。世界上现存最大的细胞为鸵鸟的卵子。

国学者周光宇提出，我国目前推广面积最大的转基因抗虫棉就是用花粉管通道法培育出来的。该法的最大优点是不依赖组织培养人工再生植株，技术简单，不需要装备精良的实验室，常规育种工作者易于掌握。

◎ 常用的动物转基因技术

1. 核显微注射法。核显微注射法是动物转基因技术中最常用的方法。它是在显微镜下将外源基因注射到受精卵细胞的原核内，注射的外源基因与胚胎基因组融合，然后进行体外培养，最后移植到受体母畜子宫内发育，这样分娩的动物体内的每一个细胞都含有新的 DNA 片段。这种方法的缺点是效率低、位置效应（外源基因插入位点随机性）易造成表达结果的不确定性、动物利用率低等，在反刍动物中还存在着繁殖周期长、有较强的时间限制、需要大量的供体和受体动物等特点。该方法的具体步骤：在显微镜下，用一根极细的玻璃针（直径 1～2 微米）直接将 DNA 注射到胚胎的细胞核内，再把注射过 DNA 的胚胎移植到动物体内，使之发育成正常的幼仔。用这种方法生产的动物约有 1/10 是整合外源基因的转基因动物。

2. 精子介导的基因转移。精子介导的基因转移是把精子做适当处理后，使其具有携带外源基因的能力。然后，用携带有外源基因的精子给母畜授精。在母畜所生的后代中，就有一定比例的动物是整合外源基因的转基因动物。同显微注射方法相比，精子介导的基因转移有两个优点：首先是它的成本很低，只有显微注射法成本的 1/10。其次，由于它不涉及对动物进行处理，因此，可以用牛群或羊群进行实验，以保证每次实验都能够获得成功。

3. 核移植转基因法。核移

> **趣味点击　显微镜**
>
> 显微镜是由一个透镜或几个透镜的组合构成的一种光学仪器，是人类进入原子时代的标志，主要用于放大微小物体，使微小物体能为人的肉眼所看到。显微镜分光学显微镜和电子显微镜两种。

植转基因法是近年来新出现的一种转基因技术。该方法是先把外源基因与供体细胞在培养基中培养，使外源基因整合到供体细胞上，然后将供体细胞细胞核移植到受体细胞——去核卵母细胞，构成重建胚，再把其移植到母体，待其妊娠、分娩，便可得到转基因的克隆动物。

4. 体细胞核移植方法。这种方法是先在体外培养的体细胞中进行基因导入，筛选获得带转基因的细胞，然后，将带转基因体细胞核移植到去掉细胞核的卵细胞中，生产重构胚胎。重构胚胎再移植到母体中，产生的仔畜百分之百是转基因动物。

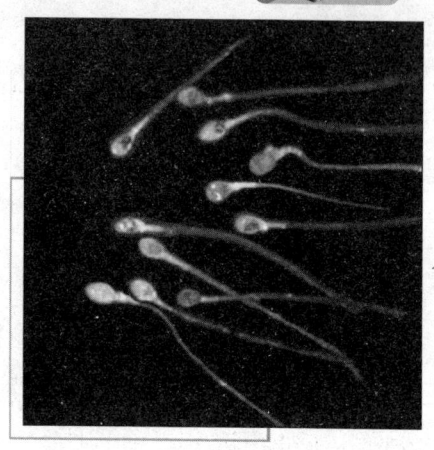

精　子

◎ 转基因食品前景乐观

不饱和脂肪酸

不饱和脂肪酸是构成体内脂肪的一种脂肪酸，是人体必需的脂肪酸。不饱和脂肪酸根据双键个数的不同，分为单不饱和脂肪酸和多不饱和脂肪酸两种。食物脂肪中，单不饱和脂肪酸有油酸，多不饱和脂肪酸有亚油酸、亚麻酸、花生四烯酸等。根据双键的位置及功能又将多不饱和脂肪酸分为ω-6系列和ω-3系列。亚油酸和花生四烯酸属ω-6系列，亚麻酸、DHA、EPA属ω-3系列。

虽然对于转基因食品还存在这样那样的争论，但它的优势还是表现得越来越显著。在美国得到普遍种植的转基因玉米中色氨酸含量提高了20%。色氨酸是人体必需的氨基酸，无法自己合成，只能从外界摄取，一般植物性食品中色氨酸含量很低甚至没有，只有靠从动物性食物中获取，转基因玉米的出现，对于素食主义者而言，无疑是个喜讯。转基因油菜的不饱和脂肪酸含量会大大增加，对心血管的健康十分有利。转基因工程牛奶增加了乳铁蛋白、抗病因子的含量，降低了脂肪含量，对人体十分有益。

西方发达国家已充分认识到转基因食品的发展前景，并注入大量资金。在我国，人多地少状况突出，基因工程是解决粮食产量、提高粮食质量的重要途径。近年来，我国转基因食品的研究有了长足的进步，目前的研究开发居世界中等水平。随着转基因食品商业化的步伐不断加快，转基因食品必将成为人们餐桌上的美味佳肴。

转基因蔬菜

知识小链接

转基因植物

转基因植物是基因组中含有外源基因的植物。它可通过原生质体融合、细胞重组、遗传物质转移、染色体工程技术获得。这些转基因技术有可能改变植物的某些遗传特性，培育出高产、优质、抗病毒、抗虫、抗寒、抗旱、抗涝、抗盐碱、抗除草剂等的作物新品种。

基因工程的应用

基因工程说得简单一点，实际上就是基因拼接，就是把两个 DNA 分子经过切割和重组，变成一个杂合的 DNA 分子，这个杂合的 DNA 分子，再转回到生物的 DNA 分子里面去，就可以变成一个新的生物。第一个基因工程的药

伟大的基因工程

物就是胰岛素。先把人的胰岛素的基因提取出来，接在一个植物上，得到一个重组的植物，再转化到大肠杆菌，细菌不会因为是人的基因就不管它，会把它当成自己的基因进行胰岛素的合成，每一个细胞就相当于生产胰岛素的工厂，实际上我们可以通过改变胰岛素基因前面的调控序列，让细菌的细胞停止合成其他的蛋白质，只合成胰岛素。我们完全可以打破界限，把人的基因转移到细菌基因里面，把细菌的基因转移到人的基因里面，把动物的基因转移到植物的基因里面，只要把 DNA 分子拿出来接在一起，就可以转移到另外一个细胞里面去，这就是所谓的基因工程。

基因工程可使新一代微生物具备原先不具备的能力，比如通过改造让大肠杆菌可以生产蜘蛛丝蛋白，再通过深加工可以制作防弹衣。再比如让某种培育简单的细菌可以生产胰岛素，或者抗生素等。甚至可以将很多不可思议的功能改造移植到一些常见微生物上。

拓展阅读

抗生素

抗生素是由微生物（包括细菌、真菌、放线菌属）或高等动植物在生活过程中所产生的具有抗病原体或其他活性的一类次级代谢产物。现临床常用的抗生素有从微生物培养液中提取的以及用化学方法合成或半合成的化合物。目前已知的天然抗生素不下万种。

基本小知识　　胰岛素

胰岛素是由胰岛 β 细胞受内源性或外源性物质如葡萄糖、乳糖、核糖、精氨酸、胰高血糖素等的刺激而分泌的一种蛋白质激素。胰岛素是机体内唯一降低血糖的激素，同时可促进糖原、脂肪、蛋白质的合成。外源性胰岛素主要用来治疗糖尿病。

以人类基因组计划为代表的生物体基因组研究成为整个生命科学研究的前沿，而微生物基因组研究又是其中的重要分支。世界权威性杂志《科学》

曾将微生物基因组研究评为世界重大科学进展之一。科学家通过基因组研究揭示微生物的遗传机制，发现了重要的功能基因并在此基础上发展疫苗，开发新型抗病毒、抗细菌、真菌药物，这对有效地控制新老传染病的流行，促进医疗健康事业的发展有巨大影响。牛痘疫苗的应用使人类历史上首次成功消灭了一种疾病——天花，而目前的基因工程疫苗也为疾病的有效预防发挥了巨大作用，如乙肝病毒的预防等。

从分子水平上对微生物进行基因组研究为探索微生物个体以及群体间作用的奥秘提供了新的线索和思路。为了充分开发微生物（特别是细菌）资源，1994年，美国发起了微生物基因组研究计划（MGP）。通过研究完整的基因组信息开发和利用微生物重要的功能基因，不仅能够加深对微生物的致病机制、重要代谢和调控机制的认识，更能在此基础上发展一系列与我们的生活密切相关的基因工程产品，包括接种用的

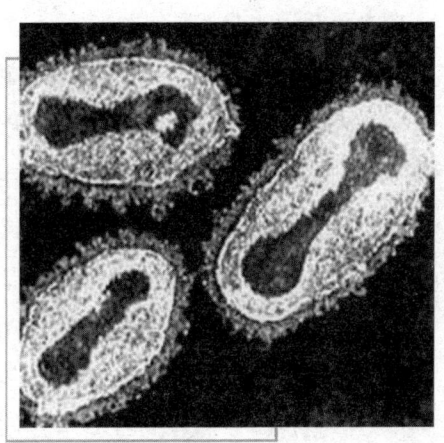

天花病毒

疫苗、治疗用的新药、诊断试剂和应用于工农业生产的各种酶制剂等。通过基因工程方法的改造，可促进新型菌株的构建和传统菌株的改造，并全面促进微生物工业时代的来临。

由于微生物相对于其他生物体而言结构简单、基因组较小，因此研究周期短，进展迅速。世界各国普遍参与并关注该领域的发展。目前病毒基因组研究已全面进入功能基因的研究阶段；细菌基因组研究全面展开，在大量测序工作进行的同时，功能基因组的研究也已在进行之中；部分真菌和小型原虫的基因组研究也逐渐展开。从1995年国际上第一个细菌流感嗜血杆菌全基因组测定完成，在随后的几年中，微生物（这里包括细菌和真菌）的全基因组序列测定进展很快，仅2000年一年就公布了15种微生物的完整序列。目

伟大的基因工程

前，还有大量的微生物测序工作正在进行之中。

鉴于微生物在多领域发展中具有重要价值，因此国际上许多国家纷纷制订了微生物基因组研究计划，对微生物基因资源的开发展开了激烈竞争。发达国家和一些发展中国家首先对人类重要病原微生物进行了大规模的序列测定，随后又对有益于能源生产、改善环境以及工业加工的细菌开展了基因组序列测定工作。

在此期间，我们国家在侯云德院士、闻玉梅院士等老一辈科学家的倡导下，也及时开展了微生物基因组工程的研究。在强伯勤院士的大力支持下，由金奇教授主持完成的痢疾杆菌福氏 2a301 株的全基因组序列测定，是我国第一个向国际发布并率先完成的微生物基因组项目。在陈竺院士和杨焕明教授等领导下的病原微生物钩端螺旋体、腾冲嗜热菌及黄单胞菌等的全基因组序列测定也先后完成，后续的功能基因组研究正在进展之中。我国将要启动的新一批微生物基因组项目包括人类病原微生物、工业微生物、环境保护微生物等。这些标志着我国在微生物基因组研究领域中已经占据了一定的国际地位，同时也为发展我国有自主知识产权的微生物基因资源的开发和产业化奠定了基础。

基本小知识

痢疾杆菌

痢疾杆菌无芽胞，无荚膜，无鞭毛，多数有菌毛，为革兰氏阴性杆菌。痢疾杆菌为兼性厌氧菌，能在普通培养基上生长，形成中等大小、半透明的光滑型菌落，各型痢疾杆菌都具有强烈的内毒素。内毒素作用于肠壁，使其通透性增高，促进内毒素吸收，引起发热、神志障碍，甚至中毒性休克等症状。内毒素能破坏黏膜，形成炎症、溃汤，出现典型的脓血黏液便。内毒素还作用于肠壁植物神经系统，导致肠功能紊乱、肠蠕动失调和痉挛，尤其直肠括约肌痉挛最为明显，出现腹痛、里急后重等症状。

◎ 人类病原微生物基因组研究

由于新老传染病的流行和再现，病原微生物的变异和致病机制更加复杂和多样化。因此，迫切需要我们从更深层次去了解和研究它们，而人类病原微生物基因组研究则从分子水平上奠定了坚实的基础，在遗传信息解析的前提下，为临床治疗中寻找更灵敏特异的诊断手段、发展高效的基因工程疫苗及筛选新型药物提供了线索和保障。

科学家们在分析大量基因组资料后发现，在微生物的染色体上，一些功能相近的基因毗邻分布形成"小岛"样的结构。这些岛包括"毒力岛""代谢岛"，甚至可能还存在着"分泌岛""调控岛"等。"毒力岛"的发现和研究使人类在认识细菌的致病性方面更进了一步。

有科学家认为，人类病原微生物基因组研究最重要的价值就在于其对疫苗的设计以及新型抗微生物药物的开发所产生的巨大推动。从反向疫苗学的角度首先对全基因组序列进行生物信息学分析，预测开放读码框架，发现新的外膜蛋白基因，筛选表达保护性抗原，以制备高效疫苗。这种思路已在衣原体的研究中取得成功。在一系列研究中发展起来的新技术和新方法对于促进功能基因的发现和重要功能基因的研究显得尤为重要。通过这些方法的应用发现了一系列与毒力、耐药等相关的基因，并且可以在此基础上深入研究病原体与宿主的相互作用。

大肠杆菌作为人体正常菌群中重要的一员，同时也作为人类病原微生物基因组研究的模式生物，其基因组序列的测定已被较早完成。而致病性的大肠杆菌，如大肠杆菌O157的基因组研究也已完成，将非致病的大肠杆菌和致病性的大肠杆菌进行序列的比

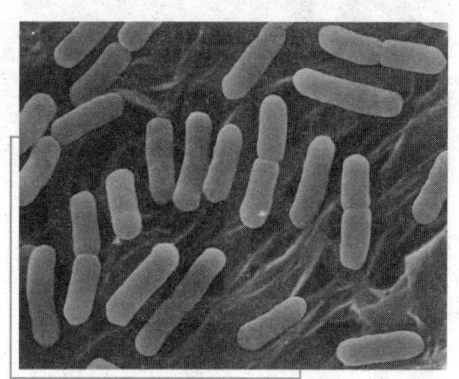

大肠杆菌

伟大的基因工程

较，就可以得到许多有价值的资料，例如：与致病性相关的基因，以及一些保守性的共有基因等。科学家对与慢性胃炎和胃癌可能相关的病原菌幽门螺杆菌进行的研究发现，该菌具有特殊的基因使之能在胃酸存在的条件下生存，从而被人体长期携带，在该研究的基础上可以探讨其与癌症发生相关的分子机制。引起沙眼的沙眼衣原体等大量疾病的致病微生物正处于研究阶段。科学家们希望发现与病原生物致病相关的关键基因或基因群，从而有针对性地发展更为有效的防治对策，而微生物在宿主组织中生长所需要的物质合成、分解代谢以及调节相关基因都可以作为抗微生物药物设计的候选靶位。微生物完整的基因组序列提供了丰富的信息资源，为发现新的、更有效的药物靶位和保护性抗原提供了最大的可能。

大量的微生物基因组序列的测定，促进了比较基因组学的发展。以微生物基因组序列信息为杠杆，加快了其他种类的生物的基因组测序，同时也促进了微生物本身独特核苷酸序列的发现，为临床治疗发展更灵敏特异的诊断方法奠定了基础；微生物与人类相似的致病相关蛋白的发现，也为人类遗传病的研究提供了线索。

基本小知识

比较基因组学

比较基因组学是在基因组图谱和测序基础上，对已知的基因和基因组结构进行比较，来了解基因的功能、表达机理和物种进化的学科。它利用模式生物基因组与人类基因组之间编码顺序上和结构上的同源性，克隆人类疾病基因，揭示基因功能和疾病分子机制，阐明物种进化关系及基因组的内在结构。比较基因组学分为种间比较基因组学和种内比较基因组学两种。

◎ **工业微生物基因组研究**

工业微生物涉及食品、制药、冶金、采矿、石油、皮革等多种行业。微生物通过发酵途径可生产抗生素、丁醇、维生素C以及完成一些风味食品的制备等；某些特殊微生物酶还可参与皮革脱毛、冶金、采油、采矿等生产过程，甚至直接作为洗衣粉等的添加剂；另外还有一些微生物的代谢产物可以作为天然的微生物杀虫剂广泛应用于农业生产。人们通过对枯草芽孢杆菌的基因组研究，发现了一系列与抗生素及重要工业用酶的产生相关的基因。乳酸杆菌作为一种重要的微生态调节剂参与食品的发酵过程，对其进行的基因组学研究将有利于找到关键的功能基因，然后对菌株加以改造，使其更适于工业化的生产过程。对国内维生素C两步发酵法生产过程中的关键菌株氧化葡萄糖酸杆菌的基因组研究，将在基因组测序完成的前提下找到与维生素C生产相关的重要代谢功能基因，经基因工程改造，可构建新的工程菌株，简化生产步骤，降低生产成本，继而实现经济效益的大幅度提升。对工业微生物开展的基因组研究，可以不断发现新的特殊酶基因及重要代谢过程和代谢产物生成相关的功能基因，并将其应用于生产以及传统工业、工艺的改造，同时推动现代生物技术的迅速发展。

◎ 农业微生物基因组研究

据资料统计，全球每年因病害导致的农作物减产约高达20%，其中植物的细菌性病害最为严重。除了培植在遗传上对病害有抗性的品种以及加强园艺管理外，似乎没有更好的病害防治策略。因此积极开展某些植物致病微生物的基因组研究，认清其致病机制并由此发展控制病害的新对策显得十分紧迫。

柑橘的致病菌是国际上第一个发表了全基因序列的植物致病微生物，植物固氮根瘤菌的全基因序列也已经测定完成。还有一些在分类学、生理学和经济价值上非常重要的农业微生物，例如：胡萝卜欧文菌、植物致病性假单胞菌以及黄单胞菌的研究等正在进行之中。已经较为成熟的从人类病原微生物的基因组学信息筛选治疗性药物的方案，可以尝试性地应用到植物病原体上。特别像柑橘的致病菌这种需要昆虫媒介才能完成生活周期的种类，除了杀虫剂能阻断其生活周期以外，只能通过遗传学研究找到毒力相关因子，寻找抗性靶位以发展更有效的控制对策。固氮菌全部遗传信息的解析对于开发利用其固氮关键基因提高农作物的产量和质量也具有重要的意义。

◎环境保护微生物基因组研究

在人类全面推进经济发展的同时，滥用资源、破坏环境的现象也日益严重。面对全球环境的一再恶化，提倡环保成为全世界人民的共同呼声。而生物除污在环境污染治理中潜力巨大，微生物参与治理则是生物除污的主流。微生物可降解塑料、甲苯等有机物；还能处理工业废水中的磷酸盐、含硫废气以及土壤的改良等。微生物能够分解纤维素等物质，并促进资源的再生利用。对这些微生物开展的基因组研究，可以在深入了解它们特殊代谢过程的遗传背景的前提下，有选择性地加以利用，例如找到不同污染物降解的关键基因，将其在某一菌株中组合，构建高效能的基因工程菌株，一菌多用，可同时降解不同的环境污染物质，极大发挥其改善环境、排除污染的潜力。美国基因组研究所结合生物芯片方法对微生物进行了特殊条件下的表达谱的研究，以期找到其降解有机物的关键基因，为开发及利用确定目标。

拓展阅读

甲　苯

甲苯是一种无色，带特殊芳香味的易挥发液体。甲苯是芳香族碳氢化合物的一员，它的很多性质与苯很相像。在现今实际应用中，甲苯常常替代有相当毒性的苯作为有机溶剂使用，是一种常用的化工原料。

◎极端环境微生物基因组研究

在极端环境下能够生长的微生物称为极端微生物，又称嗜极菌。嗜极菌对极端环境具有很强的适应性，极端微生物基因组的研究有助于从分子水平研究极端条件下微生物的适应性，从而加深对生命本质的认识。

有一种嗜极菌，它在数千倍强度的辐射下仍能存活，而人类在一个剂量的强度下就会死亡。该细菌的染色体在接受几百万拉德α射线后粉碎为数百个片段，但能在一天内自行恢复。研究其DNA修复机制对于发展在辐射污染区进行的环境生物治理非常有意义。开发利用嗜极菌的极限特性可以突破当前生物技术领域中的一些局限，建立新的技术手段，使环境、能源、农业、健康等领域的生物技术能力发生革命。来自极端微生物的极端酶，可在极端环境下行使功能，极大地拓展自身的应用空间，而这将成为建立高效率、低成本生物技术加工过程的基础，例如PCR技术中的Tag DNA聚合酶、洗涤剂中的碱性酶等都具有代表意义。极端微生物的研究与应用将是取得现代生物技术优势的重要途径，其在新酶、新药开发及环境整治方面应用潜力极大。

◎ 古生菌基因组工程

古生菌作为分类上的一个特殊类群，由于其在进化研究中的特殊地位，近年来受到科学家们的格外关注。1996年，詹氏甲烷球菌成为第一个完成全基因组测序的古生菌，科学家对其基因组序列进行分析后发现，詹氏甲烷球菌不像任何已知细菌。这一现象支持和肯定了古生菌的确是一

你知道吗

细菌的发现

细菌最早是被荷兰人列文虎克在一位从未刷过牙的老人的牙垢上发现的。但那时的人们认为细菌是自然产生的，直到后来，人们才发现细菌是由空气中已有的细菌产生的，而不是自行产生。

个独立的领域，也进一步支持了三个领域（细菌、古生菌和真核生物）划分的正确性。古生菌的大部分分支为嗜热菌，其嗜热酶多数可应用于工业生产中的生物催化。古生菌的研究还是一门新兴学科，一些基本的生物学知识还非常贫乏。对古生菌开展基因组研究，将从遗传基础方面加深我们对古生菌的认识，以便于更好地开发和利用。

伟大的基因工程

人类基因探秘

在 21 世纪的今天，生命科学日新月异，人们不仅对复杂生命现象的认识日益深入，对自身起源的探索也取得突破性进展。值得一提的是分子生物学的发展为这种探索提供了一种非常强大的工具。

人从哪里来？是谁在谱写生命的旋律？遗传基因在哪里？人有多少染色体？遗传信息是如何传递的？长生不老不是梦？……让我们一起去探索人类自身的秘密。

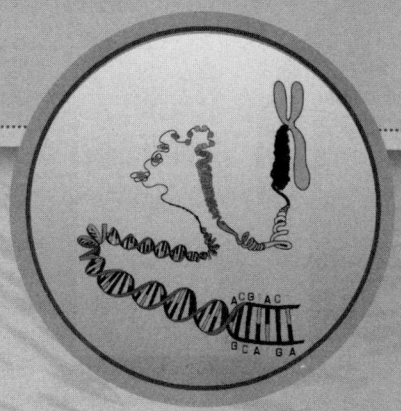

出生之谜

在孩子们的心中一直有这样一个疑问，就是"我是从哪里来的"，这也就是我们所说的出生之谜。其实人类的出生是一个很自然的生理过程。

那么人究竟是怎么来到这个世上的呢？

父亲的精子进入到母亲的卵细胞时，就会形成一个合子，这个合子就是受精卵，受精卵的形成，完成了有性繁殖的第一步，也正是染色体重组恢复23对、决定性别和新生命的开端。

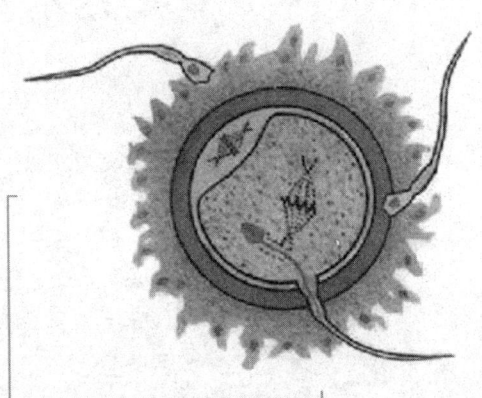

受精卵

接下来，受精卵一边进行卵裂，一边沿输卵管向子宫方向下行，2～3天可到达子宫。那时的胚胎是由许多细胞构成的中空的小球体，称为胚泡。

受精后约一周，胚泡植入增厚的子宫内膜中，这就称为妊娠。胚泡不断通过细胞分裂和细胞的分化而长大，分成了两部分。一部分是胚胎本身将来发育成胎儿；另一部分演变为胚外膜，最重要的是羊膜、胎盘和脐带，胎儿通过胎盘和母体进行物质交换。

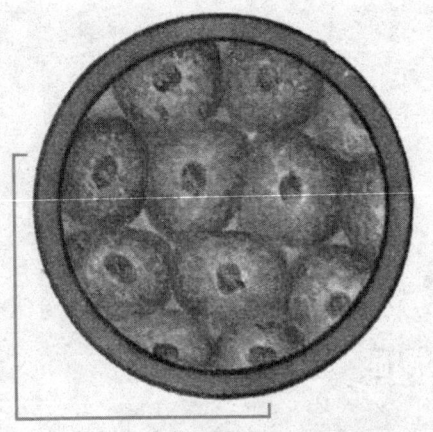

胚泡

知识小链接

羊 膜

羊膜是羊膜动物（包括爬行动物、鸟类和哺乳动物）的胚胎所具有的一种结构，其本质是一层封闭的生物膜，其内包裹着的空间称为羊膜囊，内含的液体称为羊水。羊膜的主要作用是保护胚胎的发育不受外界的干扰，例如剧烈机械刺激和温度变化等。从发育的角度来说，羊膜的外侧部分来自于中胚层而内侧部分来自于外胚层。

在前两个月中，胚胎继续细胞分裂、分化，产生各种细胞，组建各种组织、器官，这是发育中的稚嫩和敏感时期，对各种外界刺激的抵抗力、适应力很差，要十分注意安全，包括孕妇服药、接受辐射或接触其他有害因子等都会影响胎儿的正常发育；到第三个月末，各器官系统基本建成，已称为胎儿。以后主要是增大和少数结构的改变，这时抵抗能力增强，但如不注意，仍能发生流产；第五个月之后，就比较安全了。由于胎儿迅速生长，母亲的负担日益加重；一般到280天左右，也就是9个月多一点（常说"十月怀胎"

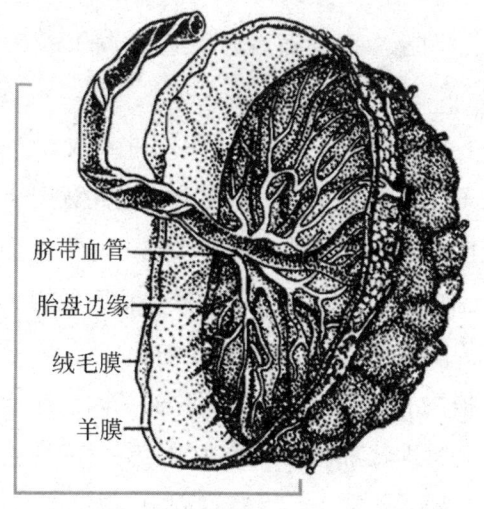

胎 盘

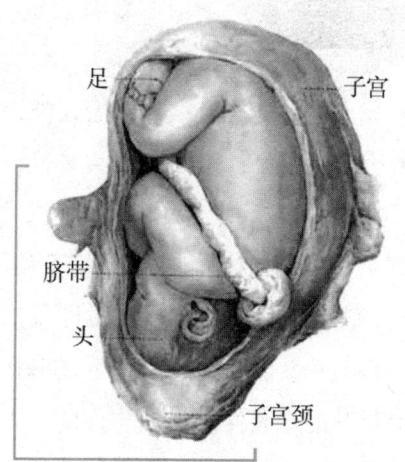

胎 儿

实际上不准确）将发生自然分娩。

> **知识小链接**
>
> **脐带血的用途**
>
> 脐带血中的造血干细胞可以用来治疗多种血液系统疾病和免疫系统疾病，包括血液系统恶性肿瘤（如急性白血病、慢性白血病、多发性骨髓瘤、骨髓异常增生综合征、淋巴瘤等）、血红蛋白病（如海洋性贫血）、骨髓造血功能衰竭（如再生障碍性贫血）、先天性代谢性疾病、先天性免疫缺陷疾患、自身免疫性疾患、某些实体肿瘤（如小细胞肺癌、神经母细胞瘤、卵巢癌、进行性肌营养不良等）。

孩子为什么会像父母？

俗语说："种瓜得瓜，种豆得豆""什么葫芦结什么瓢，什么种子长什么苗"，这是生物遗传的特性。那么为什么会出现子女像父母，子代像亲代的遗传现象呢？对此，自古就有很多说法，时至今日，随着近代遗传学的发展，才真正揭开这层面纱。

大自然中的生物，包括人类，大多是通过有性生殖繁衍后代的。父母亲结合产生子代，子代又产生孙代，子子孙孙无穷尽也。那么上一代究竟把什么东西传给了下一代呢？通过现代遗传学的研究发现，前后代唯一的联系桥梁是"生殖细胞"，也就是精子和卵细胞，它们中有一种能控制性状表现的遗传物质——基因，它是负责性状遗传的基本单位。例如：动物的毛色，黑毛有黑毛的基因，红毛有红毛的基因；植物的叶子，阔叶有阔叶的基因，针叶有针叶的基因；人也是一样的，人的各种性状都有不同的基因。父代就是通过性细胞将一套遗传物质传给后代的，使后代在个体发育过程中，显现出与父代相似的性状。

这些遗传物质有些是绝对遗传给后代的，有些只是部分决定后代的性状特征。

◎ 绝对遗传

肤色，让人别无选择。它总是遵循父母"中和"色的自然法则，就像一个笑话所讲的："包青天和白雪公主的女儿是灰姑娘。"一般来讲，黑人父母是不会生出白人小孩的；如果父母双方是黑人和白人的结合，那么，在胚胎中"平均"后，大部分会给子女一个不黑不白的中性肤色，有时也会偏向一方。

黑白配对双胞胎

"彩虹家庭"

双眼皮

伟大的基因工程

在英国，白种人的卡拉嫁给了科勒，科勒的父亲是黑人，而母亲是白人，科勒就同时有着黑人和白人的基因，所以导致他和卡拉的三个孩子有着三种不同的肤色，但是孩子的面部特征却和父母有着相似的地方，他们在英国被称为"彩虹家庭"。

下颚是非常明显的显性遗传，如果父母任何一方有突出的大下巴，那么子女几乎毫无例外会长着酷似的下巴。

双眼皮，也属于绝对性遗传。父母亲的双眼皮几乎都会留给子女，另外，大眼睛、大耳垂、高鼻梁、长睫毛，都是五官遗传时从父母那里得到的特征性遗传。

◎ 有半数以上概率的遗传

身高，父母掌握了 70% 的主动权。决定身高因素的 35% 来自父亲，35% 来自母亲。假如父母双方个头不高，那只剩 30% 的后天身高因素，也就决定了力求长个的尝试不会有明显效果。

肥胖，会使子女们有 53% 的机会成为大胖子。但是如果父母只有一方肥胖，孩子肥胖的几率就会下降 40%。

秃头，传男不传女。父亲是秃头的话，遗传给儿子的概率是 50%，就连外祖父都会将自己秃头的 25% 的基因传给外孙们，而不会传给女儿们。

这些就是为什么孩子会像父母的原因，如果父母亲的显性遗传基因多的话，那么从面部特征上来看，孩子

肥胖遗传

会像父母多一些；反之，则会少一点。还有一个非常有意思的现象就是，大

多数儿子会像母亲多一些,女儿会像父亲多一些,这是由于基因具有一种互补性。从遗传学角度出发,父母亲的性染色体上会有遗传基因的存在,其中性染色体 X 比性染色体 Y 大得多,因此 X 染色体上所载有的基因比 Y 染色体载有的基因多很多。男性的性染色体为 XY,其中的 X 染色体是来自妈妈,Y 染色体来自爸爸,由于 Y 染色体含的基因很少,所以儿子比较像妈妈;女性的性染色体为 XX,其中一条 X 染色体来自父亲,另一条来自母亲,来自母亲的那条 X 染色体往往被来自父亲的那条 X 染色体所"掩盖",这就是女儿比较像爸爸的原因。

基本小知识 染色体

染色体是细胞内具有遗传性质的物体,易被碱性染料染成深色,所以叫染色体(染色质);其本质是脱氧核苷酸,是细胞核内由核蛋白组成、能用碱性染料染色、有结构的线状体,是遗传物质(基因)的载体。

双胞胎都一样吗?

你的周围有双胞胎吗?那么几乎一样的两个人,你是不是也经常搞不清楚他们谁是谁呢?在一般情况下,人的出生是单生,即由一个精子和一个卵子结合成受精卵,然后发育为一个胎儿。但双生现象也时有发生,一般群体中双生的发生率略低于 2%,也就是 100 次出生中约有 2 次是双生。双生有两种类型,

双胞胎姐妹

同卵双生和异卵双生。同卵双生是由一个受精卵发育而成的,合子在受精后

伟大的基因工程

第十四天内就分为两个胚胎，因此一对同卵双生子在正常情况下携带有完全相同的整套 DNA，接受完全一样的染色体和基因物质，并且一般为同性别。所以他们就像从一个模子刻出来的一样，有时连自己的父母也很难辨认。这种相似不仅是外形相似，甚至某些生理特征、血型、智力，以及对疾病的易感性都很一致。异卵双生是由于妇女在同一月经周期内排出的两个卵子同时各被一个精子受精，就像是两次单生一样，异卵双生子的 DNA 是有差异的，一般只有 50% 的遗传相似度。

有心电感应的双胞胎

基本小知识

血 型

血型是对血液分类的方法，其依据是红细胞表面是否存在某些可遗传的抗原物质。抗原物质可以是蛋白质、糖类、糖蛋白或者糖脂。人类目前已经发现并为国际输血协会承认的血型系统有 30 种，有 ABO 血型系统、Rh 血型系统、MNS 血型系统、P 血型系统及 HLA 血型系统等。血型系统对输血具有重要意义，以不相容的血型输血可能导致溶血反应的发生，造成溶血性贫血、肾衰竭、休克以至死亡。

一样的模样，一样的默契，但是很少有性格一样的双胞胎。而且从医学角度上来说，双胞胎的性格差异也可以非常大，这不单单是遗传基因造成的。要知道，人的性格和很多行为往往是在婴儿时期就已经养成了习惯。在半岁以前，我们就已经有了社会认

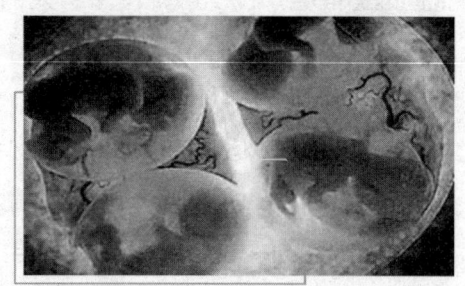

双胞胎的胚胎

> **趣味点击** 双胞胎之乡
>
> 云南省普洱市墨江县是世界上最大的双胞胎之乡。墨江县位于云南省南部，北回归线恰好从县城中心穿过。在墨江县，双胞胎和植物、果实双胞孪生的现象突出，因此这里也被称为"双胞胎之乡"。双胞胎是人类生殖繁衍中的一种特殊生理现象，在人群中的自然发生率约为 2%，而北回归线上的墨江县总人口 36 万，竟有千余对双胞胎，特别是在该县境内的河西村，双胞胎的比例远远超过 4%。

识和对刺激的常规反应，这也决定了双胞胎在性格上的走向。因为双胞胎在这个时间里大部分都是受到相同的照顾，见到的也都是相同的人，所以也就能解释为什么双胞胎大多数的性格还是比较相近。但是这时候，父母一瞬间的情绪，却有可能会影响到其中某个孩子的性格养成，比如给这个孩子喂完了奶，刚要喂下一个，母亲去接了一个电话，那无形中，就造成了差异。父母情绪上的一点点波动，对幼小的婴儿来说，已经是巨大的影响了。

近亲结婚的恶果

近亲（或称亲缘关系）是指 3~4 代以内有共同的祖先。如果他们之间通婚，就称为近亲结婚。近亲结婚的夫妇有可能从他们共同祖先那里获得同一基因，并将之传递给子女。如果这一基因按常染色体隐性遗传方式遗传，其子女就可能因为是突变纯合子而发病。因此，近亲结婚增加了某些常染色体隐性遗传疾病的发生风险。近亲结婚使子女中得到这样一对纯合或相同基因的概率，称为近婚系数。

大多数国家都不鼓励近亲结婚，甚至禁止近亲结婚。近亲结婚，后代的死亡率高，并常出现痴呆、畸形儿和遗传病患者。这是由于近亲结婚的夫妇，

伟大的基因工程

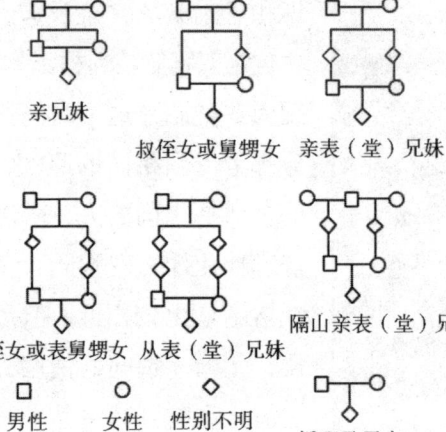

近亲结婚的类型

从共同祖先获得了较多的相同基因，容易使对生存不利的隐性有害基因在后代中相遇（即纯合），因而容易生出素质低劣的孩子。据世界卫生组织估计，人群中每个人携带 5~6 种隐性遗传病的致病基因。近亲结婚时，夫妇两人携带相同的隐性致病基因的可能性很大，且容易在子代相遇，从而使后代遗传病的发病率升高。

那么近亲结婚的风险到底有多大？让我们从以下婚配模式来计算。

如果在一级表亲和二级表亲之间有一级隔山表亲和一级隔代表亲通婚，则近婚系数就是 $1/32 = 0.03125$，其他类型以此类推。假设一种遗传病在人群中的比例是 $1/1000$，那么非近亲结婚的后代患病风险为 $1/500 \times 1/500 \times 1/4 = 1/1000000$（百万分之一）；二级表亲通婚后代患病风险为 $1/500 \times 1/64 \times 1/4 = 1/128000$；一级表亲通婚后代患病风险为 $1/500 \times 1/16 \times 1/4 = 1/32000$；兄妹通婚的后代患病风险为 $1/500 \times 1/4 \times 1/4 = 1/8000$。

与非近亲结婚相比，二级近亲的风险增大了 7.8 倍；一级近亲的风险增

拓展思考

如何判断是第几代近亲结婚？

从有共同祖先的那一代计起，算第一代，以此类推。如表兄妹结婚，双方的外祖母属第一代，双方的母亲属第二代，表兄妹结合就是第三代。我国婚姻法规定三代以内血亲禁止结婚，包括第三代，即禁止表兄妹结婚。

大了 31 倍；兄妹通婚的风险率则是非近亲结婚的 125 倍！

　　据调查，近亲结婚率，城市约为 0.7%，农村约为 1.2%。某些山区农村、海岛由于交通不发达，近亲结婚率更高，因而遗传性疾病就较多。因此禁止近亲结婚是降低以至消除隐性遗传病发病率、提高人口素质的有效措施，是优生的主要内容之一。

睡眠长短由基因控制

　　很多人都有睡眠方面的困扰，有人为了特殊的工作任务想少睡一会儿觉，多些时间用于工作，可却要为犯困而烦心；也有不少人为失眠而烦恼。美国科学家在《自然》杂志上发表论文说，他们通过对果蝇的研究发现了控制睡眠时间长短的基因，这有望解决人们对睡眠时间长短的不同需求。

　　为详细了解睡眠时长，科学家用果蝇作为实验对象。因为果蝇的基因构成与人类类似，果蝇还和人一样喜欢每天在固定的时间睡觉。在长达 4 年的研究里，美国科学家西雷利和他的同事们对 9000 种发生突变的果蝇进行了基因筛选，得到了一种睡眠很少的果蝇，其睡眠时间只有野生果蝇的 1/3。在睡眠受到剥夺时，睡眠少的果蝇的反应比普通果蝇快，比如它们会尽快从炎热的地方转到凉爽的地方，而普通果蝇此时则表现有些迟钝。

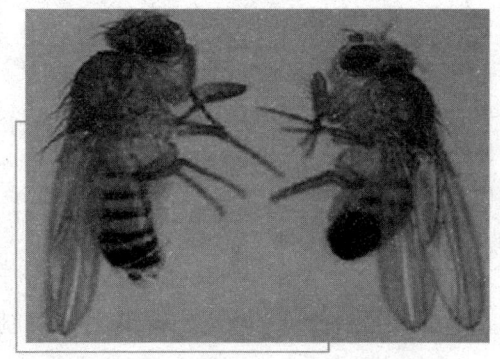

果　蝇

　　研究表明，果蝇睡眠大幅度减少是由于体内 X 染色体上一种"摇摆基因"发生了突变。睡眠少的果蝇在刚刚睡醒时腿会不停地颤抖。科学家发现那些睡眠少的人也有这个特点，这说明人体内也很可能有类似的"摇摆基因"。

"摇摆基因"是控制睡眠的主要基因，它能够通过改变神经元的兴奋性，影响生物体的睡眠。接下来，科学家需要验证老鼠体内有没有类似的"摇摆基因"，而最终要验证的是人体内是否有这样的基因，它的作用机理是否与果蝇的"摇摆基因"一致。

科学家还发现，"摇摆基因"发生突变后，会影响到有关睡眠的神经细胞中钾离子的传输过程。"摇摆基因"可促进大脑释放一种蛋白质，这种蛋白质能够促使钾离子进入神经细胞。"摇摆基因"发生突变后，果蝇细胞膜间的化学物质传输过程被打乱，钾离子不能像往常那样自由地在细胞间传输，就无法进入神经细胞，这就是导致果蝇睡眠减少的原因。

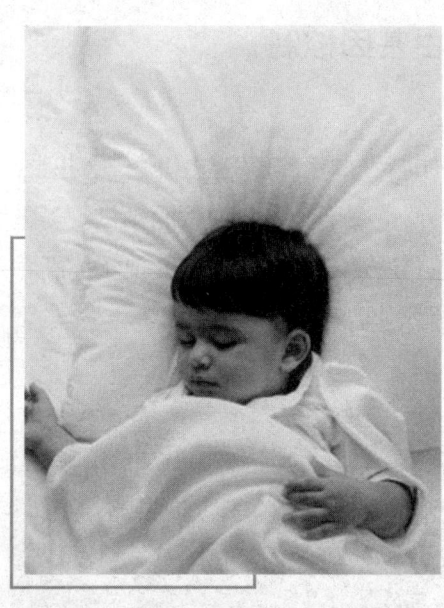

睡 眠

根据"摇摆基因"控制睡眠的原理，研究人员可发明一种正向药物，让神经系统中钾离子的传输加强，暂时抑制神经细胞的活动，服药者就可以克服失眠的困扰。以前的安眠药抑制的是神经中枢，容易让人产生对药物的依赖性并上瘾；而这种新的药物抑制的是控制睡眠的神经细胞，不仅不会上瘾，而且可以让人体的生理节奏恢复正常。

研究人员还可以发明一种反向药物，破坏神经系统中钾离子的传输过程，让神经细胞变得更加兴奋，服药者就可以克服睡眠的干扰，多些时间进行工作。

知识小链接

睡 眠

睡眠是高等脊椎动物周期性出现的一种自发的和可逆的静息状态，表现为机体对外界刺激的反应降低和意识的暂时中断。睡眠由两个交替出现的不同时相所组成，一个是慢波相，又称非快速眼动睡眠；另一个则是异相睡眠，又称快速眼动睡眠，此时相中出现眼球快速运动，并经常做梦。非快速眼动睡眠主要用于恢复体力，快速眼动主要用于恢复脑力。人的一生大约有1/3的时间是在睡眠中度过的。当人们处于睡眠状态中时，可以使人们的大脑和身体得到休息、休整和恢复，有助于人们日常的工作和学习。科学提高睡眠质量，是人们正常工作和学习的保障。

人类奴性基因

通过控制大脑中的"D2"基因，科学家把好斗的猴子变成了听话的"奴隶"。如果这种技术被应用在人类身上，人类社会是否会走向赫胥黎小说中的"美丽新世界"？

在赫胥黎经典的未来派小说《美丽新世界》中，他虚构了一个分化了的社会，那个社会的最上层是阿尔法族，最底层是埃普斯隆族。埃普斯隆族的大脑被药物麻木，他们作为奴隶承受着繁重而乏味的工作，并对此毫无怨言。直到现在，书中所描述的一切仍然是今天科幻作品中的素材。

然而，英国科学家通过动物实验，找到了利用基因彻底改变动物性情的方法。而这项发现很有可能让赫胥黎所虚构的埃普斯隆族变为现实。

◎奴性基因——"D2"

这项在猴子身上展开的实验是由神经生物学家里士满领导的。该实验结

伟大的基因工程

猴 子

果首次表明：动物的行为能够人为地被永久改变，即使原本性格好斗的动物也能即刻变得顺从。

科学家是通过操纵大脑中一种叫作"D2"的基因做到这一点的。通过阻止"D2"的作用，科学家切断了猴子的行为动机和回报知觉之间的联系。被切断了这种生理联系的猴子，长时间任劳任怨地执行科学家给它们指派的任务，而忘记索取任何"报酬"。

在《自然神经系统科学》上，里士满发表了此次研究发现的详情，尤其介绍了他们是如何让猴子心甘情愿地做"奴隶"的。

实验中，科学家事先训练猴子，让它们根据面前屏幕上的颜色变化来"从事"控制杠杆的"工作"。在一般情况下，如果猴子认为自己的工作很快就能得到回报（也许是一个香蕉）的话，它们工作起来会十分快速而且卖力，出错的几率也很小。

然而，里士满和他的研究小组发现：只要控制猴子大脑中的"D2"基因，猴子就会忘记对报酬的期待；他们能够让这些猴子在任何时候都卖力而快速地工作，同时不会有任何抱怨和懒散的迹象。

人类也拥有同样的基因！

"大多数人也都会被获得报酬的期望所激发，从而努力和认真地工作，不管这种报酬是一张薪水支票，还是一些赞扬之词。"里士满说，"在实验中，我们发现能够除去那种回报联系，并且建立起这样一种情形：重复而艰苦的工作能够在没有任何报酬的情况下继续。"

由于这种技术能够不为人知地塑造大脑中的"奴性"，那么实验者的动机是否存在道德危险呢？

　　这些科学家称，这项研究的最初目标是要找到治疗精神疾病的方法。"我们一直都在做决定，决定的因素包括：我们认为回报到底有多重要，以及我们得到这种回报要多长的时间。"里士满说，"意志消沉的时候，人们认为任何回报都是不值得的，所有的工作都显得太过繁重。而患上强迫症的人，尽管不停地工作，但永远也不会对他们所做的事感到满足。在大脑回路中，如果找到这种与情绪和回报有关的干扰，我们或许能够解除这些症状。"

永无满足的工作狂

　　里士满指出，通过控制基因永久改变人类行为，目前在学术上还太过复杂；而且即使在理论上，经过这种方法处理成"埃普斯隆族现实版"的人类将不能很好地工作。

　　作为工业奴隶，"他们将失去判断能力，如果在一条生产线上的任何人出现了问题，他们也无法明白自己的努力已经白费。"里士满半开玩笑地说，"对我们自己来说，用普通的回报因素来激励大家似乎能够更到位一些。"

疲劳基因

　　有的人即便长时间处于高强度的压力下，也不会感到疲劳，有的人却是哪怕干一点活就会觉得累。除了体质不同，或者习惯不同之外，这还可能与基因不同有关。

伟大的基因工程

据英国媒体报道，目前尚无任何诊断慢性疲劳综合征的方法，但科学家们却鉴别出了成千上万种导致慢性疲劳综合征的基因。

英国格拉斯哥大学的研究小组在50名慢性疲劳综合征患者身上，发现了一种独特的基因。研究人员表示，他们希望这一初步研究成果将来能为慢性疲劳综合征的诊断和治疗提供新途径。

通过对50名慢性疲劳综合征患者基因组的观察，科学家们发现，这些患者的某些基因与同年龄、同性别健康人的基因是有差别的。

格拉斯哥大学研究小组负责人说："我们已经鉴别出了那些不同于正常人基因的上调基因，这表明我们可能拥有了一种诊断慢性疲劳综合征的新方法。"但他同时指出，他们需要对更多的病人进行观察，以便确认这种基因鉴别方法的确能帮助医生对慢性疲劳综合征的确诊。

拓展阅读

如何对待疲劳？

为什么大多数人感到慵懒的时间是中午？原因之一是睡眠周期的一个低点在中午。这时，出去呼吸新鲜空气和四处走走会有好处，锻炼会加速氧在身体和头脑中的流动，这样，就能加速循环使人活跃。每天以轻至中等强度锻炼20~40分钟大有益处，它也会帮助你在中午不打瞌睡。

而有些人认为疲劳是有一定好处的，正像电池需要充电一样。科学观点认为疲劳时是身体某些器官修复的征兆，是身体康复的必经之路。所以疲劳到来最好的方法是去休息，好让身体去处理它自己的事务。

人类基因组

人类基因组，又译人类基因体，是人类的基因组。它含有约30亿个DNA

碱基对。碱基对是以氢键相结合的两个含氮碱基，以 A、T、C、G 四种碱基排列成碱基序列。

生物学与医学界专家在人类基因组计划中，调查了人类基因组中的真染色质基因序列。他们发现人类的基因数量比原先预期的更少，其中的外显子，也就是能够制造蛋白质的编码序列，只占总长度的 1.5%。

现代遗传学家认为，基因是 DNA（脱氧核糖核酸）分子上具有遗传效应的特定核苷酸序列的总称，是具有遗传效应的 DNA 分子片段。基因位于染色体上，并在染色体上呈线性排列。基因不仅可以通过复制把遗传信息传递给下一代，还可以使遗传信息得到表达。不同人种之间头发、肤色、眼睛、鼻子等不同，就是基因差异所致。

人类只有一个基因组，随着人类基因组逐渐被破译，一张生命之图将被绘就，人们的生活也将发生巨大变化。基因药物已经开始走进人们的生活，利用基因治疗更多的疾病不再是一个奢望。因为随着我们对人类本身的了解迈上新的台阶，很多疾病的病因将被揭开，药物就会设计得更好些，治疗方案就能"对因下药"，生活起居、饮食习惯就有可能根据基因情况进行调整，人类的整体健康状况将会提高，21 世纪的医学基础将由此奠定。

利用基因，人们可以改良果蔬品种，提高农作物的品质，更多的转基因植物和动物将问世，人类还可能在未来培育出超级作物。通过控制人体的生化特性，人类将能够恢复或修复人体细胞和器官的功能，甚至改变人类的进化过程。

◎ 人类基因组计划

人类基因组计划（HGP）是由美国科学家于 1985 年率先提出，于 1990 年正式启动的。美国、英国、法国、德国、日本和我国科学家共同参与了这一价值达 30 亿美元的人类基因组计划。这个计划的任务是要把人体内约 10 万个基因的密码全部解开，同时绘制出人类基因的图谱。换句话说，就是要揭开组成人体 10 万个基因的 30 亿个碱基对的秘密。人类基因组计划与曼哈

伟大的基因工程

顿原子弹计划和阿波罗计划并称为三大科学计划。

1986年,诺贝尔奖获得者雷纳托·杜尔贝科发表短文《肿瘤研究的转折点:人类基因组测序》。这篇文章指出:"如果我们想更多地了解肿瘤,我们从现在起必须关注细胞的基因组。从哪个物种着手努力?如果我们想理解人类肿瘤,那就应从人类开始。人类肿瘤研究将因对DNA的详细了解而得到巨大推动。"

什么是基因组?基因组就是一个物种中所有基因的整体组成。人类基因组有两层意义:遗传信息和遗传物质。要揭开生命的奥秘,就需要从整体水平研究基因的存在、基因的结构与功能、基因之间的相互关系。

> **基本小知识**
>
> **阿波罗计划**
>
> 阿波罗计划,又称阿波罗工程,是美国从1961年到1972年从事的一系列载人登月飞行任务。它是世界航天史上具有划时代意义的一项成就。该工程开始于1961年5月,至1972年12月第6次登月成功结束,历时约11年,耗资255亿美元。在工程高峰时期,参加工程的有2万家企业、200多所大学和80多个科研机构,总人数超过30万人。

为什么选择人类的基因组进行研究?因为人类是在进化历程上最高级的生物,对人类基因组的研究有助于认识自身、掌握生老病死规律、诊断疾病和治疗、了解生命的起源。

测出人类基因组DNA的30亿个碱基对的序列,发现所有人类基因,找出它们在染色体上的位置,对破译人类全部遗传信息意义重大。

在人类基因组计划中,还包括另外5种生物基因组的研究:大肠杆菌、酵母、线虫、果蝇和小鼠,它们被称为人类的五种"模式生物"。

HGP的目的是解码生命、了解生命的起源、了解生命体生长发育的规律、认识种属之间和个体之间存在差异的起因、认识疾病产生的机制以及长寿与衰老等生命现象、为疾病的诊治提供科学依据。

HGP 的主要任务是人类的 DNA 测序，包括测序技术、人类基因组序列变异、功能基因组技术、比较基因组学、社会、法律、伦理、生物信息学、计算生物学、教育等的研究，此外还包括以下 4 张图谱的研究。

遗传图谱

遗传图谱又称连锁图谱，它是以具有遗传多态性（在一个遗传位点上具有一个以上的等位基因，在群体中的出现频率皆高于 1%）的遗传标记为"路标"，以遗传学距离（在减数分裂事件中两个位点之间进行交换、重组的百分率，1% 的重组率称为 1 厘米）为图距的基因组图。遗传图谱的建立为基因识别和完成基因定位创造了条件。遗传图谱具有十分重要的意义，6000 多个遗传标记已经能够把人的基因组分成 6000 多个区域，使得连锁分析法可以找到某一致病的或表型的基因与某一标记邻近（紧密连锁）的证据，这样可把这一基因定位于这一已知区域，再对基因进行分离和研究。对于疾病而言，找基因和分析基因是个关键。

第一代标记：经典的遗传标记，例如 ABO 血型位点标记，HLA 位点标记。20 世纪 70 年中后期，限制性片段长度呈多态性（RFLP），位点数目大于 105，用限制性内切酶特异性切割 DNA 链时，由于 DNA 的一个"点"上的变异所造成的能切与不能切的两种状况，可产生不同长度的片段（等位片段），因此可用凝胶电泳显示多态性，并对片段多态性的信息与疾病表型间的关系进行连锁分析，找到致病基因。但是，第一代标记获取的信息量十分有限。

第二代标记：1989 年，微卫星标记系统被发现和建立，重复单位长度为 2~6 个核苷酸，又称简短串联重复（STR）。

第三代标记：1996 年，美国麻省理学院（MIT）提出了单核苷酸多态性标记（SNP）的遗传标记系统。

物理图谱

物理图谱是指有关构成基因组的全部基因的排列和间距的信息，它是通过对构成基因组的 DNA 分子进行测定而绘制的。绘制物理图谱的目的是把有关基因的遗传信息及其在每条染色体上的相对位置线性而系统地排列出来。DNA 物理图谱是指 DNA 链的限制性酶切片段的排列顺序，即酶切片段在 DNA 链上的定位。因限制性内切酶在 DNA 链上的切口是以特异序列为基础的，核苷酸序列不同的 DNA，经酶切后就会产生不同长度的 DNA 片段，由此而构成独特的酶切图谱。因此，DNA 物理图谱是 DNA 分子结构的特征之一。DNA 是很大的分子，由限制酶产生的用于测序反应的 DNA 片段只是其中的极小部分，这些片段在 DNA 链中所处的位置关系是应该首先解决的问题，故 DNA 物理图谱是顺序测定的基础，也可理解为指导 DNA 测序的蓝图。广义地说，DNA 测序从物理图谱制作开始，它是测序工作的第一步。制作 DNA 物理图谱的方法有多种，这里选择一种常用的简便方法——标记片段的部分酶解法，来说明 DNA 物理图谱制作原理。

拓展阅读

内切酶

内切酶，即限制性核酸内切酶，亦称限制性核酸酶。它是一种能催化多核苷酸的链断裂的酶，只对脱氧核糖核酸内碱基序列中某一位置发生作用，把这个位置的链切开。通过内切酶可以把某一个遗传基因切下来，若再连在别的细胞的遗传基因上，便可使这个细胞具有新的遗传特性。内切酶的发现和采用，使基因工程成为可能。

用部分酶解法测定 DNA 物理图谱包括两个基本步骤：①完全降解。选择合适的限制性内切酶将待测 DNA 链（已经标记放射性同位素）完全降解，降解产物经凝胶电泳分离后进行自显影，获得的图谱即为组成该 DNA 链的酶切片段的数目和大小。②部分降解。以末端标记使待测 DNA 的一条链带上示踪同位素，然后用上述相同酶部分降解该 DNA 链，即通过控制反应条件使 DNA 链上该酶的切口随机断裂，从而避免所有切口断裂的完全降解发生。部分酶解产物同样进行电泳分离及自显影。比较上述两步的自显影图谱，根据片段大小及彼此间的差异即可排出酶切片段在 DNA 链上的位置。

完整的物理图谱应包括人类基因组的不同载体 DNA 克隆片段重叠群图，大片段限制性内切酶切点图，DNA 片段或一特异 DNA 序列的路标图，基因组中广泛存在的特征型序列等的标记图，人类基因组的细胞遗传学图（即染色体的区、带、亚带，或以染色体长度的百分率定标记）。

序列图谱

随着遗传图谱和物理图谱的完成，测序就成为重中之重的工作。DNA 序列分析技术是一个包括制备 DNA 片段、碱基分析、DNA 信息翻译的多阶段的过程。人们通过测序得到基因组的序列图谱。

基因图谱

基因图谱是在识别基因组所包含的蛋白质编码序列的基础上绘制的结合有关基因序列、位置及表达模式等信息的图谱。在人类基因组中鉴别出基因的位置、结构与功能，最主要的方法是通过基因的表达产物信使 RNA 反追到染色体的位置。

◎ HGP 对人类的重要意义

HGP 对人类疾病基因研究的贡献

与人类疾病相关的基因是人类基因组中结构和功能完整性至关重要的信息。对于单基因病，采用"定位克隆"和"定位候选克隆"的全新思路，引发了亨廷顿舞蹈病、遗传性结肠癌和乳腺癌等一大批单基因遗传病致病基因的发现，为这些疾病的基因诊断和基因治疗奠定了基础。而心血管疾病、肿瘤、糖尿病、神经精神类疾病（老年性痴呆、精神分裂症）、自身免疫性疾病等多基因疾病是目前疾病基因研究的重点。

伟大的基因工程

基本小知识

糖 尿 病

糖尿病是由遗传因素、免疫功能紊乱、微生物感染、自由基毒素、精神因素等各种致病因子作用于机体导致胰岛功能减退、胰岛素抵抗等而引发的糖、蛋白质、脂肪、水和电解质等一系列代谢紊乱综合征，临床上以高血糖为主要特点，典型病例可出现多尿、多饮、多食、消瘦等表现，即"三多一少"症状。糖尿病（血糖）一旦控制不好会引发并发症，导致肾、眼、足等部位的衰竭病变，且无法治愈。

HGP 对医学的贡献

HGP 对基因诊断、基因治疗和基于基因组知识的治疗、基于基因组信息的疾病预防、疾病易感基因的识别、风险人群生活方式、环境因子的干预等产生了巨大影响。

HGP 对生物技术的贡献

HGP 对生物技术的贡献主要体现在三个方面。①基因工程药物：分泌蛋白（多肽激素、生长因子、趋化因子、凝血和抗凝血因子等）及其受体。②诊断和研究试剂产业：基因和抗体试剂盒、诊断和研究用生物芯片、疾病和筛药模型。③对细胞、胚胎、组织工程的推动：胚胎和成年期干细胞、克隆技术、器官再造。

HGP 对制药工业的贡献

HGP 对制药工业的贡献主要体现在三个方面，一是筛选药物的靶点：与组合化学和天然化合物分离技术结合，建立高通量的受体。二是以基因知识为基础的药物设计：基因蛋白产物的高级结构分析、预测、模拟。三是个体化的药物治疗：药物基因组学。

知识小链接

药物基因组学

药物基因组学又称基因组药物学或基因组药理学，是药理学的一个分支，定义为：在基因组学的基础上，通过将基因表达或单核苷酸的多态性与药物的病效或毒性联系起来，研究药物如何由于遗传变异而产生不同的作用。药物基因组学在根据患者的基因型来保证最大疗效的同时将不良反应降到最低，用于探索合理的方法来优化药物治疗方案。

HGP对社会经济的重要影响

生物产业与信息产业是一个国家的两大经济支柱，发现新功能基因的社会和经济效益都很可观；同时，转基因食品有利于解决饥饿问题。

HGP对生物进化研究的影响

生物的进化史，都刻写在各基因组的"天书"上：草履虫是人的亲戚——13亿年前；人是由300万~400万年前的一种猴子进化来的；人类第一次"走出非洲"——200万年前的古猿；人类的"夏娃"来自于非洲，距今20万年前——第二次"走出非洲"。

HGP带来的负面作用

HGP可能使侏罗纪公园不只是科幻故事，它可能导致种族选择性、灭绝性生物武器的产生，导致基因专利战、基因资源的掠夺战；基因研究可能会侵犯一些人的个人隐私。

伟大的基因工程

DNA——解开遗传的密码

遗传学是21世纪生命科学中发展的前沿学科之一,从其产生到现在只有大约100年的时间,然而在这短短的约100年的时间里,其发展速度之快、影响范围之广在生物学领域里几乎没有哪一门学科能与之相提并论。究其原因,遗传学是生物科学领域里极为基础的学科,凡是以生物体某一特定生命现象或生命属性为研究对象的科学,如生物化学、神经生物学、细胞生物学、发育生物学等,在研究这些生命现象的底蕴和机理时,都会涉及基因,都要在基因这个层次上寻找其原因。

另外,随着人类基因组测序的完成与分子生物学技术的迅猛发展,人们对许多疾病的发生机制有了深入的认识,并有可能从最根本的层次来洞悉生命的奥秘。基因已融入了生命科学的各个学科,生命科学各学科都与遗传学形成了交叉学科。由此也可看出遗传学在生命科学中的重要地位。

伟大的基因工程

从豌豆实验到噬菌体的发现

19世纪60年代，奥地利著名生物学家孟德尔，通过著名的豌豆实验指出，控制豌豆各种异常性状的遗传物质是一种呈颗粒状、成对存在的因子。

孟德尔为什么选用豌豆呢？因为豌豆花不等到花瓣张开，雄蕊上的花粉就落到雌蕊的柱头上，完成了授粉作用。而且花瓣裹得很严实，不让另一朵花的花粉有侵入的机会，所以豌豆的自花授粉是一种严格的自交。

豌豆通过严格的自交传种接代，所以各种不同品种的豌豆，都能保持自己的独特的性状。这样的品种通常称为纯种。孟德尔搜集了许多种纯种的豌豆，例如高茎品种、矮茎品种、开红花（紫色花）的品种、开白花的品种等。在这里，高和矮是一对性状，白和红也是一对性状。他用这样的纯种来做杂交实验，可以得到比较简单的结果。而且对结果作解释可能比较容易。比方说，开红花的豌豆品种跟开白花的豌豆品种杂交，后代的花会是什么颜色呢？是红的还是白的？或是其他什么颜色的呢？

孟德尔的杂交实验是这样做的：

当红花豌豆快要开花的时候，他把一朵花的花瓣扒开，摘掉还未成熟的雄蕊，这叫作去雄。然后，用纸袋把这朵只有雌蕊的花套起来，不让别朵花的花粉随风飘进去或者由昆虫带进去。等到雌蕊成熟的时候，他用鸡毛在白花豌豆的雄蕊上一擦，花粉就附着在鸡毛上了。这时候，他把套在红花豌豆的花上的纸

孟德尔

袋摘下来，用这根鸡毛往雌蕊的柱头上轻轻一擦，再用纸袋把花套住，异花授粉，也就是杂交，就实现了。用符号"♀"代表雌性，即母本，用符号"♂"代表雄性，即父本，用符号"×"代表交配，所以把白花豌豆的花粉，移到红花豌豆的雌蕊的柱头上面，就可以这样记下来：

红花♀×白花♂

同样的，可以把红花豌豆的花粉，移到白花豌豆的雌蕊的柱头上面，实现这样的杂交：

白花♀×红花♂

用什么品种作母本，用什么品种作父本，是孟德尔预先计划好的。实验按照他预定的计划，有条不紊地进行。

杂交的结果怎样呢？他发现：不管红花品种作为母本，还是作为父本，把杂交得到的种子第二年种在地里，长成的植株都开红花，没有一个例外。

如果用符号表示实验结果，就是：

孟德尔这样解释：在杂交过程中，红花这个性状相对白花来说，要强烈得多，所以叫作显性性状。那么白花性状在杂交以后是不是消失了呢？孟德尔向自己提出这样的问题。

孟德尔继续进行实验。他把开红花的杂交第一代叫作子一代，记录的时候用子1表示。他让子一代自己授粉，看看结果如何。

第三年，豌豆植株上大部分开红花，还有一小部分是白花。这些后代叫作子二代，用子2表示。记录下来，就是：

亲代　红花×白花

↓

子1代　红花

↓

伟大的基因工程

子2代　红花　白花
(多数)(少数)

孟德尔这样解释：白花性状虽然在子一代中没有表现出来，但是白花的遗传物质并没有消失，在子二代中碰到了适宜的情况，又表现出来了。像这种在子一代中没有表现出来，而在子二代中又表现出来的性状，叫作隐性性状。

这说明了红花和白花两个品种杂交所得到的红花后代（子1），实际上是个杂种，而不是纯种。在这个红花后代里，既含有红花的遗传物质，又含有白花的遗传物质。

孟德尔认识到：杂交的子代表现出来的如果是显性的性状，它可能含有隐性性状的遗传物质。从亲代遗传下来的性状，不一定都能得到表现。它可能是纯种，也可能是杂种。

但是，杂交子代如果表现的是隐性的性状，它只含有隐性性状的遗传物质，而不可能含有显性性状的遗传物质，所以一定是纯种。如果让开白花的豌豆品种自己授粉，它所产生的后代总是开白花的，没有一个例外。

孟德尔后来又做了许多植物或动物的不同品种之间的杂交实验，都得到了跟红花豌豆和白花豌豆杂交的相同结果。

他让高豌豆品种跟矮豌豆品种杂交，子一代总是高豌豆。第二年，让子一代自花传粉，子二代出现了一部分矮豌豆。

他又让种子饱满而圆形的豌豆跟

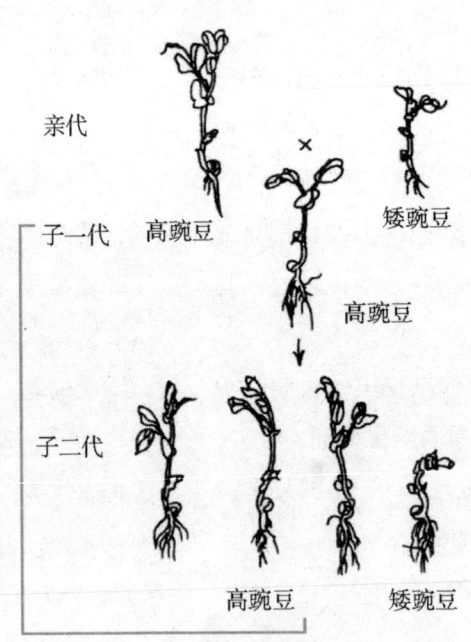

豌豆性状遗传图

种子皱缩的豌豆杂交，也得到了完全同样的结果。他用豌豆一共进行了 7 对性状的杂交实验，结果都相同。因此，他认为在相对性状当中，显性和隐性的出现有一种规律，不是什么偶然的现象，孟德尔称它为显性原理。

然而在当时这并没有引起人们的重视。直到孟德尔去世 26 年之后的 20 世纪初，人们才知道了生物的遗传规律，才重新认识到孟德尔遗传学说的伟大和他对生命科学的巨大贡献。

1944 年，爱威瑞也完成了两种肺炎双球菌的转化实验，证实了脱氧核糖核酸（DNA）是遗传物质。同期的细菌学家艾弗里，也证明了有荚膜菌向无荚膜菌提供的就是遗传物质是 DNA。以后，人们又进一步做了许多实验，最能说明 DNA 是遗传物质的实验，是噬菌体侵染细菌的实验。

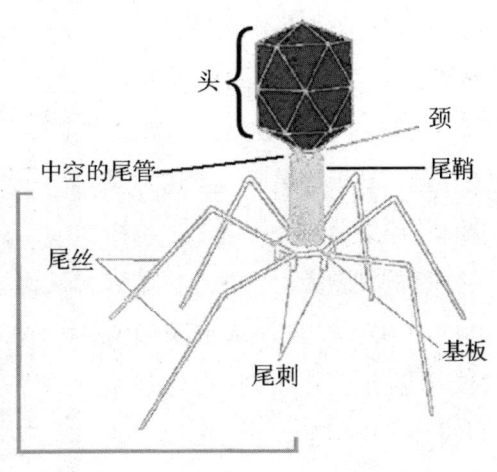

噬菌体

知识小链接

噬菌体

噬菌体是感染细菌、真菌、放线菌或螺旋体等微生物的细菌病毒的总称，作为病毒的一种，噬菌体具有病毒特有的一些特性：个体微小；不具有完整的细胞结构；只含有单一核酸。噬菌体基因组含有许多个基因，但所有已知的噬菌体都是在细菌细胞中利用细菌的核糖体、蛋白质来实现其自身的生长和增殖。一旦离开了宿主细胞，噬菌体既不能生长，也不能复制。

噬菌体是以细菌细胞为寄主的一种低等微生物。它外形有球形、棒形、扁盘形等多种，但其内部结构非常简单。实验中的噬菌体病毒，外形像小蝌蚪，它的外部是蛋白质组成的头膜和尾鞘，头膜内含有 DNA，尾鞘上有尾丝、基板和尾刺。当这种噬菌体侵染细菌时先把尾部末端扎在细菌的细胞膜上，然后将噬菌体内的 DNA 全部注入细菌细胞中，留在细菌外面的噬菌体外壳就没什么作用了。进入细菌细胞内部的噬菌体 DNA，利用细菌细胞的营养物质，迅速复制噬菌体的 DNA，并在其外合成蛋白质，这样许多与原噬菌体大小、形状一样的新的噬菌体便被复制出来。当细菌细胞解体后，这些噬菌体被释放出来，再去侵染其他的细菌细胞。这个实验充分证实了，噬菌体的遗传繁殖是通过它体内的 DNA 进行的，证明了 DNA 是生物的遗传物质。

拓展阅读

肺炎双球菌

肺炎双球菌是一种菌体呈矛头状、常成双排列的球菌，直径 0.5~1.5 微米，革兰氏染色呈阳性，但与老龄菌常呈阴性反应。肺炎双球菌存在着光滑型和粗糙型两种类型。该菌菌体有荚膜，菌落光滑，致病性较强。肺炎双球菌的致病性在于其荚膜能抵抗人体的吞噬作用，致使其在人体内大量繁殖引起疾病，主要引起大叶肺炎、腹膜炎、胸膜炎、中耳炎、乳突炎以及败血症等。

▶ DNA 双螺旋结构

现在我们知道了 DNA 是生物体的遗传物质，那么 DNA 究竟是什么样子的呢？1953 年，沃森和克里克共同提出了 DNA 分子的双螺旋结构，也正是双螺旋结构的提出，标志着生物科学的发展进入了分子生物学阶段。

假如你要建造一幢房子，或一幢办公大楼，就必须准备好一个计划或一份设计图纸，上面规定了施工过程的每一个细节，但是这种计划如果要和造一个人，甚至和造一只老鼠所需要的计划相比，实在是太简单了。因为要造一个人，你就得为一千亿个细胞以及包括产生新细胞新生命所必需的一切东西，订出详详细细的计划来，堆放这么多的计划图纸可得要好大一个地方啊。而所有这些复杂的事情，DNA 似乎都能办到。

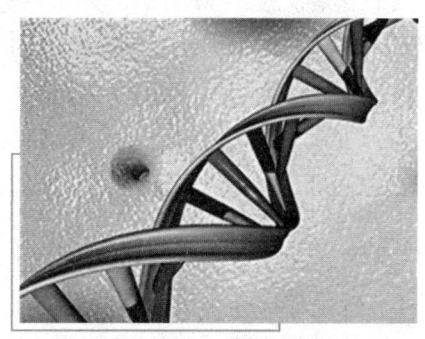

DNA 双螺旋结构示意图

在细胞核深处的一个小小的分子里面，居然存放得下所有这些"图纸"？如此复杂多样的生命完全由 DNA 控制着。如果没有 DNA 的组织，就根本不会有我们所认识的这个世界。但是，这种有规律而又多种多样的新生命的产生决不是一次成功的，而是需要每天成百上千万次不断变化才完成的。那么生命究竟是怎样产生的呢？如此之多的信息又是怎么贮藏在这小小的细胞核里的呢？DNA 又是如何为整个生命传递信息的呢？它的结构又是怎样的呢？

当时，世界各国都在研究这个问题，无论英国、美国，科学家们在实验室里运用各种手段对 DNA 的结构展开了探索和研究。其中最为有名的就是美国的科学家沃森和英国科学家克里克，他们经常和一直在伦敦工作的威尔金斯和富兰克林共同研究和讨论一些问题。威尔金斯和富兰克林有一架放大倍数很高的显微镜，而且还拍摄了一些 DNA 分子的 X 光照片。他们那架显微镜当时在剑桥大学是很先进的，它可

克里克

以把观察物放大30万倍。如果用它观察一只苍蝇，看上去足足有1千米长。在这架显微镜里，神秘的细胞活动情况看得非常清晰。克里克试图用数学计算方法来解决DNA分子结构问题，他整天沉浸于数学公式里，沉默寡言。一天，他在常去的伊尔小酒店吃饭时，感到一阵剧烈的头痛，于是连实验室也没去就回家了。他坐在煤气取暖器旁边什么也没做，过了一会儿又觉得实在无聊，于是他又动手算了起来。不一会儿，他发现问题的答案似乎就要找到了，他是那样的激动，然而这时他又不得不停下来，因为时间到了，他得陪他漂亮的妻子奥迪尔去参加一个品酒晚会。可是晚会并没有他们想象的那样有意思，所以他们便早早地回家了，回家途中克里克又陷入了沉思，他开始考虑这DNA分子一定是某种形式的螺旋体，也就是说它是呈一圈一圈盘旋形状的。

在这段时间里，沃森正埋头忙于他的X光摄片工作。他一心想要拍摄几张能显示DNA结构的片子来。他想，如果能找到一个正确的拍摄角度，使他的片子能显示出分子的结构那该多好啊。在6月的一个晚上，沃森打开X光摄影机，开始冲洗一张刚从25°角拍摄的片子，当他把那张湿淋淋的片子凑到灯前一看，马上发觉自己成功了，螺旋形的线条看得清清楚楚。第二天一大早，沃森便焦急地等待着克里克的到来，当克里克拿起片子看了不到十秒钟，就立刻表示完全同意沃森的看法。断定了DNA的结构是一个螺旋体以后，紧接着需要解决的问题是，这个螺旋体究竟是由单链或是双链、四链，还是三链构成的呢？为了解决这个问题，他们经历了一段艰苦的历程。

拓展阅读

剑桥大学

剑桥大学位于英格兰的剑桥镇，是英国也是全世界最顶尖的大学之一。英国许多著名的科学家、作家、政治家都来自于这所大学。剑桥大学也是诞生最多诺贝尔奖得主的高等学府。剑桥大学还是英国的名校联盟"罗素集团"和欧洲的大学联盟"科英布拉集团"的成员。

根据当时的材料，他们有充足的理由否定 DNA 分子是单链和四链的螺旋结构，但他们需要根据有力的事实作出是双链还是三链的判断。他们很快建立起了一个三链结构的模型，并自信地认为这个模型的螺旋结构的参数都是符合 DNA 的 X 射线材料所反映的事实的。欣喜之余，他们立即向皇家学院 X 射线衍射小组报告了 DNA 模型的建立。第二天，以威尔金斯为首的一批科学家对模型进行了验证和核实，发现他们对实验数据理解错了，由此否定了他们建立的第一个三链模型。从此以后，他们暂时停止了直接建立 DNA 模型的研究工作。不久，富兰克林拍摄了一张 DNA 照片，从这张片子上完全可以断定 DNA 的结构是一个螺旋体。所不清楚的只有一个问题，这个螺旋体到底有

沃 森

几个螺旋？沃森想，在自然界，一切最主要的事物，如机体内部的各种器官，甚至细胞内的染色体都是成双成对的，估计 DNA 分子也是一种双链结构。

我们不妨想象一下，许多现代化的建筑为了节省空间都有一个螺旋形的楼梯。而 DNA 中楼梯的支撑就是糖和磷酸盐形成的链：糖—磷酸盐—糖—磷酸盐—糖—磷酸盐。这好像一节一节的链一样，然后给它配上碱基，好像给楼梯装上梯级一样。在制作模型的过程中，沃森和克里克发现，他们无法把碱基放到模型中他们任意选择的位置上，这些碱基不得不用一种特殊的

威尔金斯

伟大的基因工程

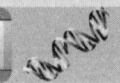

广角镜

X 光

X 光是波长介于紫外线和 γ 射线之间的电磁辐射，其波长为 $(0.06\sim20)\times10^{-8}$ 厘米，由德国物理学家伦琴于 1895 年发现，故又称伦琴射线。X 光具有很高的穿透本领，能透过许多对可见光不透明的物质，如木料等。

方式连在一起。每一个梯级必须由两个碱基组成，问题在于有一部分的"半梯级"是长的，而另外一部分"半梯级"是短的，如果把这两个"长"的"半梯级"连接起来，那么做出来的梯级就太宽，不适合这个楼梯扶手的两个链之间的空间。在另一头，如果把两个"短"的"半梯级"连接在一起，其结果是梯级又太狭窄，同样无法布满两个扶手之间的空间，可是天然形成的结构从来都是十分合理而完善的。沃森和克里克发现，设计其实也很简单，只要不管哪个链上的一个"短"碱基总是和另一个链上的"长"碱基连接，每一个梯级之间的长度和宽度就彼此完全相等了。所以 A（"长"的碱基）必须和 T（"短"的碱基）连接，C（"长"的碱基）必须和 G（"短"的碱基）连接，这样便能做成一个结构很牢固很平衡的螺旋体。威尔金斯和富兰克林把这个模型和他们所拍摄的 X 光照片进行比较，结果发现 X 光照片和模型完全符合。

终于，在 1953 年由四位科学家共同撰写的一篇仅仅只有 900 字的重要文章发表在《自然》杂志上。文章的第一句是这样说的"关于脱氧核糖核酸盐类（DNA）的结构我们想提出一个建议"。他们就用这样谦

趣味点击

诺贝尔奖

诺贝尔奖是以瑞典著名的化学家、硝化甘油炸药的发明人诺贝尔的部分遗产作为基金创立的。诺贝尔奖分设物理、化学、生理或医学、文学、和平五个奖项，以基金每年的利息或投资收益授予前一年世界上在这些领域对人类作出重大贡献的人，1901 年首次颁发。诺贝尔奖包括金质奖章、证书和奖金。

虚的方式向世界宣布他们已经揭开了生命的最大秘密之一。1962 年，沃森、克里克及威尔金斯由于成功地建立了 DNA 双螺旋结构模型而共同获得了诺贝尔奖。

而英国著名女科学家富兰克林却没有得到这样的荣誉。然而人们在《自然》杂志上却看到了富兰克林的一篇对 DNA 双螺旋模型热情洋溢的支持性文章。她高尚的科学道德受到后人的赞扬。

四种脱氧核苷酸

脱氧核苷酸是脱氧核糖核酸最小的活性分子，由碱基、脱氧核糖、磷酸构成。

脱氧核苷酸的碱基有：腺嘌呤（A）、鸟嘌呤（G）、胞嘧啶（C）和胸腺嘧啶（T）。

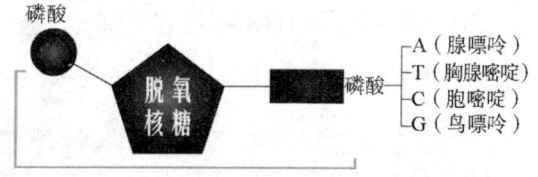

四种脱氧核苷酸

脱氧核苷酸是基因的基本结构和功能单位，决定生物的多样性的就是脱氧核苷酸中四种碱基（A、G、T、C）的不同排列顺序。

它们的逻辑结构是这样的：

在一个 DNA 很长的分子里，大概有 1 万个"梯级"，在人体细胞里的 46 条染色体内或许有 46 万个排列不同的"梯级"，而人体的细胞总数大约为 1000 亿个。这些"梯级"排列顺序的不同，决定了生物之间惊人的差异，这和英语的千千万万个单词也只不过由 26 个字母组成是一样的道理。所以我们完全有根据说，在 DNA 螺旋体内，四种"梯级"不同的排列方式使一朵花、一只蝴蝶或一个婴儿产生了它们各自所有的一切复杂部分，也正由于这四种"梯级"不同的排列方式，决定了全世界约 70 亿人口中找不到两个完全一模一样的人。

伟大的基因工程

知识小链接

磷 酸

磷酸是一种常见的无机酸，是中强酸。磷酸在空气中容易潮解，加热会失水得到焦磷酸，再进一步失水得到偏磷酸。磷酸主要用于生产高浓度磷肥和复合肥料。磷酸还是肥皂、洗涤剂、金属表面处理剂、食品添加剂、饲料添加剂和水处理剂等所用的各种磷酸盐、磷酸酯的原料。

➤ DNA 的复制

DNA 复制是指 DNA 双链在细胞分裂以前进行的复制过程，复制的结果是一条双链变成两条一样的双链（如果复制过程正常的话），每条双链都与原来的双链一样。这个过程通过半保留复制机制得以顺利完成。DNA 复制主要包括引发、延伸、终止三个阶段。

拓展阅读

螺旋酶

螺旋酶是所有生物体维持生命所必需的一类酵素，可分为多种类型。这类酵素是能够依循核酸磷酸双酯骨架的方向性，而往特定方向移动的马达蛋白。螺旋酶移动过程中可将相连的两条核酸长链（如 DNA、RNA 或两者的混合分子）解开，作用时所需能量来自核苷酸水解。螺旋酶可以利用三磷酸腺苷（ATP）或三磷酸鸟苷（GTP）水解产生的能量，将 DNA 双螺旋或自我黏合的 RNA 分子解开。

◎引 发

DNA 复制的引发阶段包括 DNA 复制起点双链解开，通过转录激活步骤合成 RNA 分子。DNA 聚合酶将第一个脱氧核苷酸加到引物 RNA 的末端复制。引发的关键步骤就是前导链 DNA 的合成，一旦前导链 DNA 的聚合作用开始，滞后链上的 DNA 合成也随着开始，在所有前导链开始聚合之前有一必需的步骤就是由 RNA 聚合酶（不是引物酶）沿滞后链模板转录一短的 RNA 分子。在有些 DNA 复制中，该 RNA 分子会成为 DNA 复制的引物。但是，在大部分 DNA 复制中，该 RNA 分子没有引物作用。它的作用似乎只是分开两条 DNA 链，暴露出某些特定序列以便引发体与之结合。在前导链模板 DNA 上开始合成 RNA 引物，这个过程称为转录激活，在前导链的复制引发过程中还需要其他一些蛋白质，如大肠杆菌的 dnaA 蛋白。这两种蛋白质可以和复制起点处 DNA 上高度保守的 4 个序列结合，其具体功能尚不清楚。可能是这些蛋白质与 DNA 复制起点结合后能促进 DNA 聚合酶Ⅲ复合体的 7 种蛋白质在复制起点处装配成有功能的全酶。DNA 复制开始

知识小链接

蛋　白　质

蛋白质是生物体中广泛存在的一类生物大分子，是由氨基酸按一定顺序结合形成一条多肽链，再由一条或一条以上的多肽链按照其特定方式结合而成的高分子化合物。蛋白质是构成人体组织器官的支架和主要物质，在人体生命活动中，起着重要作用，可以说没有蛋白质就没有生命活动的存在。在人们每天的饮食中，蛋白质主要存在于蛋类、豆类及鱼类等中。

时，DNA 螺旋酶首先在复制起点处将双链 DNA 解开，通过转录激活合成的 RNA 分子也起分离两条 DNA 链的作用，然后单链 DNA 结合蛋白质结合在被解开的链上。由复制因子 X（n 蛋白）、复制因子 Y（n′蛋白）、n″蛋白、i 蛋白、dnaB 蛋白和 dnaC 蛋白等 6 种蛋白质组成的引发前体，在单链 DNA 结合蛋白的作用下与单链 DNA 结合生成中间物，这是一种前引发过程。引发前体进一步与引物酶组装成引发体。引发体可以在单链 DNA 上移动，在 dnaB 亚基的作用下识别 DNA 复制起点位置。首先在前导链上由引物酶催化合成一段

RNA 引物，然后，引发体在滞后链上沿一定方向不停地移动（这是一种相对移动，也可能是滞后链模板在移动），在一定距离上反复合成 RNA 引物供 DNA 聚合酶Ⅲ合成冈崎片段使用，引发体中许多蛋白因子的功能尚不清楚。但是，这些成分必须协同工作才能使引发体在滞后链上移动，识别合适的引物合成位置，并将核苷酸在引发位置上聚合成 RNA 引物。由于引发体在滞后链模板上的移动方向与其合成引物的方向相反，所以在滞后链上所合成的 RNA 引物非常短，一般只有 3～5 个核苷酸长。而且，在同一种生物体细胞中这些引物都具有相似的序列，表明引物酶要在 DNA 滞后链模板上比较特定的位置（序列）上才能合成 RNA 引物。

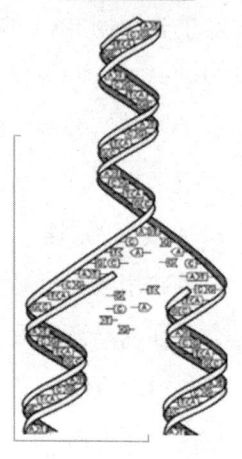

DNA 复制图

为什么需要有 RNA 引物来引发 DNA 复制呢？这可能与尽量减少 DNA 复制起始处的突变有关。DNA 复制开始处的几个核苷酸最容易出现差错，因此，用 RNA 引物即使出现差错最后也要被 DNA 聚合酶Ⅰ切除，提高了 DNA 复制的准确性。RNA 引物形成后，由 DNA 聚合酶Ⅲ催化将第一个脱氧核苷酸按碱基互补原则加在 RNA 引物的末端而进入 DNA 链的延伸阶段。

拓展阅读

酶

酶是指具有生物催化功能的高分子物质。在酶的催化反应体系中，反应物分子被称为底物，底物通过酶的催化转化为另一种分子。几乎所有的细胞活动进程都需要酶的参与，以提高效率。与其他非生物催化剂相似，酶通过降低化学反应的活化能来加快反应速率，大多数的酶可以将其催化的反应的速率提高上百万倍；同样，酶作为催化剂，本身在反应过程中不被消耗，也不影响反应的化学平衡。与其他非生物催化剂不同的是，酶具有高度的专一性，只催化特定的反应或产生特定的构型。目前已知的可以被酶催化的反应有约 4000 种。

◎延伸

DNA新生链的合成由DNA聚合酶Ⅲ所催化，然而，DNA必须由螺旋酶在复制叉处边移动边解开双链。这样就产生了一种拓扑学上的问题：由于DNA的解链，在DNA双链区势必产生正超螺旋，在环状DNA中更为明显，当达到一定程度后就会造成复制叉难再继续前进，从而终止DNA复制。但是，在细胞内DNA复制不会因出现拓扑学问题而停止。有两种机制可以防止这种现象发生：①DNA在生物细胞中本身就是超螺旋，当DNA解链而产生正超螺旋时，可以被原来存在的负超螺旋所中和；②DNA拓扑异构酶Ⅰ要以打开一条链，使正超螺旋状态转变成松弛状态，而DNA拓扑异构酶Ⅱ（旋转酶）可以在DNA解链前方不停地继续将负超螺旋引入双链DNA。这两种机制保证了无论是环状DNA还是开环DNA的复制顺利地解链，再由DNA聚合酶Ⅲ合成新的DNA链。DNA生长链的延伸主要由DNA聚合酶催化，该酶是由7种蛋白质（多肽）组成的聚合体，称为全酶。

拓展阅读

复制叉

DNA复制时在DNA链上通过解旋、解链和SSB蛋白的结合等过程形成的Y字型结构称为复制叉。在复制叉处作为模板的双链DNA解旋，同时合成新的DNA链。

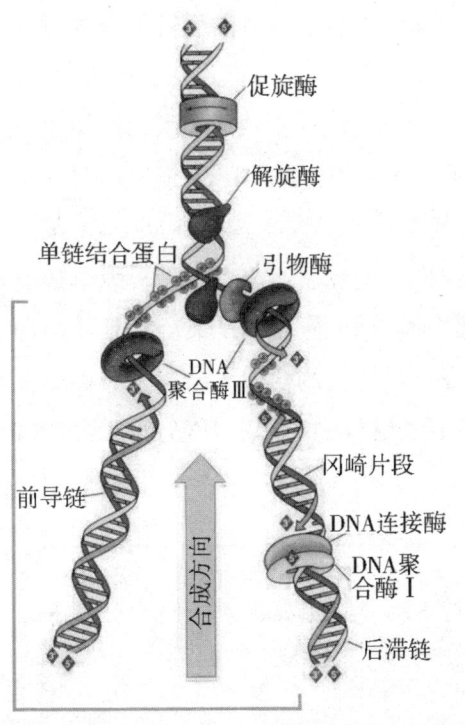

大肠杆菌的复制模型

全酶中所有亚基对完成 DNA 复制都是必需的。另外，全酶中还有 ATP 分子，它是 DNA 聚合酶Ⅲ催化第一个脱氧核苷酸连接在 RNA 引物上所必需的，其他亚基的功能尚不清楚。

基本小知识

拓扑学

拓扑学是数学中一个重要的、基础的分支。起初它是几何学的一支，主要研究几何图形在连续变形下保持不变的性质（所谓连续变形，形象地说就是允许伸缩和扭曲等变形，但不许割断和黏合）；现在已发展成为研究连续性现象的数学分支。

在 DNA 复制叉处要能由两套 DNA 聚合酶Ⅲ在同一时间分别复制 DNA 前导链和滞后链。如果滞后链模板环绕 DNA 聚合酶Ⅲ全酶，并通过 DNA 聚合酶Ⅲ，然后再折向与未解链的双链 DNA 在同一方向上，则滞后链的合成可以和前导链的合成在同一方向上进行。

这样，当 DNA 聚合酶Ⅲ沿着滞后链模板移动时，由特异的引物酶催化合成的 RNA 引物即可以由 DNA 聚合酶Ⅲ所延伸。当合成的 DNA 链到达前一次合成的冈崎片段的位置时，滞后链模板及刚合成的冈崎片断便从 DNA 聚合酶Ⅲ上释放出来。这时，由于复制叉继续向前运动，便产生了又一段单链的滞后链模板，它重新环绕 DNA 聚合酶Ⅲ全酶，并通过 DNA 聚合酶Ⅲ开始合成新的滞后链冈崎片段。通过这样的机制，前导链的合成不会超过滞后链太多（最后只有一个冈崎片段的长度）。而且，这样引发体在 DNA 链上和 DNA 聚合酶Ⅲ以同一速度移动。

基本小知识

冈崎片段

DNA 复制过程中，前导链连续合成，滞后链分段合成，这些分段合成的新生 DNA 片段被人们称为冈崎片段。

按上述 DNA 复制的机制，在复制叉附近，形成了以两套 DNA 聚合酶Ⅲ全酶分子、引发体和螺旋构成的类似核糖体大小的复合体，称为 DNA 复制体。复制体在 DNA 前导链模板和滞后链模板上移动时便合成了连续的 DNA 前导链和由许多冈崎片段组成的滞后链。在 DNA 合成延伸过程中主要是 DNA 聚合酶Ⅲ的作用。当冈崎片段形成后，DNA 聚合酶Ⅰ切除冈崎片段上的 RNA 引物，同时，利用后一个冈崎片段作为引物合成 DNA。最后两个冈崎片段由 DNA 连接酶将其接起来，形成完整的 DNA 滞后链。

◎ 终 止

过去认为，DNA 一旦复制开始，就会将该 DNA 分子全部复制完毕，才终止其 DNA 复制。但后来的实验表明，在 DNA 上也存在着复制终止位点，DNA 复制将在复制终止位点处终止，并不一定等全部 DNA 合成完毕。但目前对复制终止位点的结构和功能了解甚少。在 DNA 复制终止阶段令人困惑的一个问题是，线性 DNA 分子两端是如何完成其复制的？已知 DNA 复制都要有 RNA 引物参与。当 RNA 引物被切除后，中间所遗留的间隙由 DNA 聚合酶Ⅰ所填充。但是，在线性 DNA 分子两端的滞后链的合成，其末端的 RNA 引物被切除后是无法被 DNA 聚合酶Ⅰ所填充的。

在研究 T7DNA 复制时，这个问题部分地得到了解决。T7DNA 两端的 DNA 序列区有相当长的序列完全相同。而且，在 T7DNA 复制时，产生的子代 DNA 分子不是一个单位 T7DNA 长度，而是许多单位长度的 T7DNA 首尾连接在一起。T7DNA 两个子代 DNA 分子都会有一个单链尾

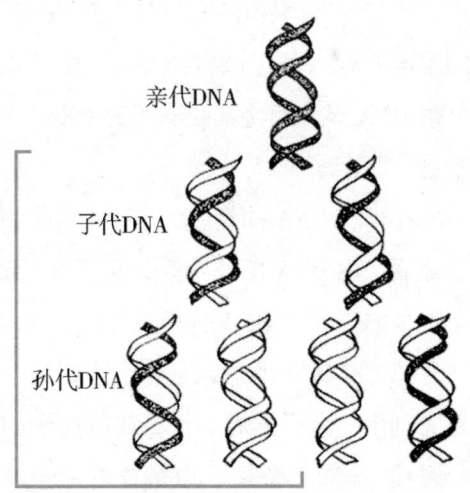

亲代 DNA 复制遗传

巴，两个子代 DNA 的单链尾巴通过互补形成两个单位 T7DNA 的线性连接。然后由 DNA 聚合酶 I 填充和 DNA 连接酶连接后，继续复制便形成 4 个单位长度的 T7DNA 分子。这样复制下去，便可形成多个单位长度的 T7DNA 分子。这样的 T7DNA 分子可以被特异的内切酶切开，用 DNA 聚合酶填充与亲代 DNA 完全一样的双链 T7DNA 分子。

在研究痘病毒复制时，发现了线性 DNA 分子完成末端复制的第二种方式。痘病毒 DNA 在两端都形成发夹环状结构。DNA 复制时，在线性分子中间的一个复制起点开始，双向进行，将发夹环状结构变成双链环状 DNA。然后，在发夹的中央将不同 DNA 链切开，使 DNA 分子变性，双链分开。这样，在每个分子两端形成一个单链尾端要以自我互补，形成完整的发夹结构，与亲代 DNA 分子一样。在真核生物染色体线性 DNA 分子复制时，尚不清楚末端的复制过程是怎样进行的。也可能像痘病毒那样形成发夹结构而进行复制。但最近的实验表明，真核生物染色体末端 DNA 复制是由一种特殊的酶将一个新的末端 DNA 序列加在刚刚完成复制的 DNA 末端。这种机制首先在四膜虫中发现。该生物细胞的线性 DNA 分子末端有一种序列，该细胞中存在一种酶可以将这种序列加在事先已存在的单链 DNA 末端的序列上。这样有较长的末端单链 DNA，可以被引物酶重新引发或其他的酶蛋白引发而合成 RNA 引物，并由 DNA 聚合酶将其变成双链 DNA。这样就可以避免其 DNA 随着复制的不断进行而逐渐变短。

在环状 DNA 的复制的末端终止阶段则不存在上述问题。环状 DNA 复制到最后，由 DNA 拓扑异构酶 II 切开双链 DNA，将两个 DNA 分子分开成为两个完整的与亲代 DNA 分子一样的子代 DNA。

总之，DNA 的复制是一个边解旋边复制的过程。复制开始时，DNA 分子首先利用细胞提供的能量，在解旋酶的作用下，把两条螺旋的双链解开，这个过程叫解旋。然后，以解开的每一段母链为模板，以周围环境中的 4 种脱氧核苷酸为原料，按照碱基互补配对原则，在 DNA 聚合酶的作用下，各自合成与母链互补的一段子链。随着解旋过程的进行，新合成的子链也不断地延伸，同时，每条子链与其母链盘绕成双螺旋结构，从而各形成一个新的DNA分子。这样，复制结束后，一个DNA分子，通过细胞分裂分配到两个子细胞中去！

"垃圾"DNA

酵母和蠕虫之类的简单生物是如何进化为鸟和哺乳动物这样的复杂生物的呢？一项针对基因组进行的广泛比较研究显示，问题的答案可能就隐藏在生物的"垃圾"DNA中。美国科学家发现，生物越复杂，其携带的"垃圾"DNA就越多，而恰恰是这些没有编码的"无用"DNA帮助生物进化出了复杂的机体。

自从第一个真核生物（包括从酵母到人类的有细胞核的生物）的基因组被破译以来，科学家一直想知道，为什么生物的大多数DNA并没有形成有用的基因。从突变保护到染色体的结构支撑，对于这种所谓的"垃圾"DNA的可能解释有许多种。但是从人类、小鼠和大鼠身上得到的完全一致的关于"垃圾"DNA的研究结果却表明，在这一区域中可能包含有重要的调节机制，从而能够控制基础的生物化学反应和发育进程，这将帮助生物进化出更为复杂的机体。与简单的真核生物相比，复杂生物有更多的基因不会发生突变的事实无疑极大地强化了这一发现。

为了对这一问题有更深的了

脊椎动物

脊椎动物是指有脊椎骨的动物，是脊索动物的一个亚门。这一类动物一般体形左右对称，全身分为头、躯干、尾三个部分，躯干又被横膈膜分成胸部和腹部，有比较完善的感觉器官、运动器官和高度分化的神经系统。脊椎动物包括鱼类、两栖动物、爬行动物、鸟类和哺乳动物等五大类。

解，美国的一个研究小组，对5种脊椎动物——人、小鼠、大鼠、鸡和河豚的"垃圾"DNA序列与4种昆虫、2种蠕虫和7种酵母的"垃圾"DNA序列进行了比较。研究人员从对比结果中得到了一个惊人的发现：生物越复杂，"垃圾"DNA似乎就越重要。

这其中暗含的可能性在于，如果不同种类的生物具有相同的DNA，那么这些DNA必定是用来解决一些关键性的问题的。酵母与脊椎动物共享了一定数量的DNA，毕竟它们都需要制造蛋白质，但是只有15%的共有DNA与基因无关。研究小组说，他们将酵母与更为复杂的蠕虫进行了比较，后者是一种多细胞生物，发现有40%的共有DNA没有被编码。随后，研究人员又将脊椎动物与昆虫进行了对比，这些生物比蠕虫更为复杂，结果发现，有超过66%的共有DNA包含没有编码的DNA。

参与该项研究工作的一位生物学家指出，有关蠕虫的研究结果需要慎重对待，这是由于科学家仅仅对其中的两个基因组进行了分析。尽管如此，他还是认为，这一发现有力地支持了这样一种理论，即脊椎动物和昆虫的生物复杂性的增加主要是由于基因调节的精细模式。

西雅图华盛顿大学的一位分子生物学家对此表示同意。他说，"这一研究成果令人信服"。但他同时强调，对所有未被生物共享的没有编码的DNA的研究依然没有定论。

不可忽视的"垃圾"DNA片段

牛津大学的科学家最近发现了一种与细胞分裂密切相关的基因调控机制，这种机制与在细胞核中的某种RNA有关，它的作用以前不为人知。这项发现可能为阻止癌细胞扩散提供启示。

众所周知，RNA在蛋白质的合成中扮演了重要的角色，但是科学家们很久以来就知道并不是所有种类的RNA都与蛋白质合成直接有关。英国一个研究小组的一项研究表明，某一类 RNA 对基因的调控起重要作用。

人类基因组工程确定了大约 3.4 万个与蛋白质制造有关的基因。而其余的基因片段，也就是大多数基因，被认为是由所谓的没有功能的"垃圾"DNA 片段组成的。但是最近几年的研究发现这些所谓的"垃圾"DNA 产生了大约 50 万种 RNA，只不过这些 RNA 的功能还未被发现。

该研究小组的负责人说："在过去几年里，生物学界正在悄悄发生着一场革命，人们对于 RNA 的角色开始有了新的认识。科学家们开始发现一些所谓的'垃圾'DNA 片段其实极其重要，由它们制造的 RNA 种类数量非常惊人，它们的潜在意义非同寻常。"

拓展阅读

牛津大学

牛津大学位于英国牛津市，是英国最古老的大学之一。虽然牛津大学的确切创立日期仍不清楚，但其历史可追溯到 12 世纪末。1209 年，牛津学生与当地居民发生了一次冲突，事件过后，一些牛津的学者迁离至东北方的剑桥镇，并成立剑桥大学。自此之后，两间大学彼此之间展开相当悠久的竞争岁月。牛津大学和剑桥大学时常被合称为"牛剑"，它们是英国最古老、最著名的两所大学。

另外一个研究小组发现 RNA 与一种名为二氢叶酸还原酶基因（DHFR）的调控密切相关，能决定该基因的开合状态。DHFR 基因产生的一种酶能够控制胸腺嘧啶，而胸腺嘧啶对快速分裂的细胞很重要。抑制 DHFR 基因能够有效阻止癌细胞的扩散。

生物学家们在很长一段时间里都认为，既然几乎所有具体的生理机能都要由蛋白质来完成，那么不编码蛋白质的 DNA 应该是没有用的，可以称为"垃圾"DNA。

DNA 双螺旋结构向人类展现其本来面目已有约 60 年了，似乎人类已经绘出包括自身在内的许多物种的基因组图谱。但有些科学家指出，平日充斥于学术论文和新闻媒体的"基因"只是生命之书中一些极小的段落。基因组绝

伟大的基因工程

大部分区域仍然潜藏在暗影中，它们长久以来被人们当成"垃圾"而忽视，只在近年来才露出几缕光芒，显示这个巨大的"垃圾场"可能蕴藏着与其体积相称的宝藏。

基本小知识

癌细胞

癌细胞是一种变异的细胞，是产生癌症的病源，癌细胞与正常细胞不同，有无限生长、转化和转移三大特点，也因此难以消灭。癌症的发病率会随年龄而增长。一些化学诱变剂或物理因素也会导致癌症发病率的提高，如沥青中的一些化学物质经常接触皮肤，能引起皮肤癌；大剂量苯中毒时，能诱发白血病（血癌）；吸烟引起肺癌，这和烟叶中的尼古丁有关；经常接触放射性物质的人，白血病、骨髓癌的发病率较高。因此，加强环境保护，消除环境污染，对放射性工作加强安全保护等，都可以降低癌症发病率。

基因垃圾的由来

人类基因组草图绘制完成后，23 对染色体、30 亿个碱基对这样的常识也开始为非专业人士所熟知，人类对自身遗传图谱的认识得到了很大的补充与修正。大概在 2000 年时，科学家还估计人类基因组中约有 10 万个基因，但不出 5 年这一数字已跌到 2 万~4 万个，目前一种比较通行的说法是约 2.5 万个。这些基因所包含的 DNA 序列，大概只有人类基因组序列总长的 2%。也就是说，人类生命蓝图中约有 98% 的信息似乎不属于什么基因，是无用的垃圾。然而，什么是基因垃圾呢？

地球上绝大多数生命以 DNA 为遗传物质，另有一些病毒使用 RNA，没有别的方案——为什么是这样？科学家并不知道。他们急于寻找外星生命，哪怕只是细菌也好，一个重要原因就是想看看地球生命使用 DNA 是偶然还是必然。DNA 由 4 种碱基也就是 4 种"字母"组成，分别称为 A、T、C、G。在

RNA 中，字母 T 被换成了 U。整个 DNA 双螺旋就像一条极长的、扭曲的梯子，"梯子"的两边各是一条由许多字母逐个连接而成的"带子"，每个字母与对面"带子"上相应位置的字母结合在一起成为一个"梯级"，即碱基对。其中，只能 A、T 相互结合以及 C、G 相互结合，所以知道了 DNA 双链中一条的碱基顺序，另一条也就确定了，这两条链是互补的。

生物的遗传信息，就是 DNA 链上这些字母的排列方式。将蓝图转化为实际产品的过程，就是一段 DNA 根据其碱基序列合成出对应的 RNA 序列（转录），然后 RNA 序列信息指导氨基酸拼合形成蛋白质（翻译）的过程。生物体的生理机能，基本上都由蛋白质来完成，比如在血液中运送氧气、进行新陈代谢等。可以说，DNA 发出命令、RNA 挥动鞭子，而蛋白质则是卖苦力的牛马。从 DNA 到 RNA 再到蛋白质的这个过程，就是生物学的"中心法则"。

能够最终形成蛋白质或者说"编码某种蛋白质"的这样一段 DNA，就是我们传统意义上所说的基因。在人和其他生物体内，这样的基因都只占整个基因组的很小一部分，它们就像宝石一样零星地落在黑沉沉的荒野中。各基因之间是大片大片不能制造蛋白质的 DNA 序列，即"非编码序列"。生物学家们在很长一段时间里都认为，既然几乎所有具体的生理机能都要由蛋白质来完成，那么不编码蛋白质的 DNA 应该是没有用的，可以称为"垃圾"DNA。

除了性细胞，人体每个细胞里都有一整套 DNA，每套 DNA 只有约 2% 的内容有用。在其他哺乳动物体内，比例也大抵如此。有些物种的基因组更加"精练"，"垃圾"更少，比如鸡的基因组大小只有人类的 1/3、河豚则为人类的 1/10，但它们的基因数量却与人类差不多。有的生物的"垃圾"DNA 比例比人类更夸张，如洋葱的基因组有人类基因组的 12 倍那么大、阿米巴变形虫的基因组更是比人类基因组大 200 多倍。

人们对"垃圾"DNA 的来源提出了多种解释，比如有一部分"垃圾"DNA 来自病毒。逆转录病毒是一类以 RNA 为遗传物质的病毒，其中我们最熟悉的是艾滋病病毒。它们侵袭宿主细胞时，会把自身的 RNA 转换成 DNA 插入基因组中，并跳来跳去大量复制。从 DNA 到 RNA 的过程叫转录，反过来就叫逆转录,这也是这类病毒的名称由来。逆转录病毒有的会致病,引起艾滋病或癌症等,也有的没有什么影响。在进化历程中,有许多逆转录病毒DNA留在了人类基因组里而成为垃圾。

基本小知识

艾滋病

艾滋病的全称是获得性免疫缺陷综合征,是人类因为感染人类免疫缺陷病毒后导致免疫缺陷,引发一系列机会性感染及肿瘤,严重者可导致死亡的综合征。这种综合征可通过直接接触黏膜组织的口腔、生殖器、肛门等或带有病毒的血液、精液、阴道分泌液、乳汁而传染,因此各种性行为、输血、共用针头都是已知的传染途径,而怀孕的母体亦可借由胎盘或胎儿出生后的哺育动作传染给新生儿。

趣味点击

阿米巴变形虫

阿米巴变形虫属肉足鞭毛门、叶足纲、阿米巴目,由于生活环境不同可分为内阿米巴和自由生活阿米巴,前者寄生于人和动物;后者生活在水和泥土中,偶尔侵入动物机体。

还有一些"垃圾"DNA可能是死亡基因的遗骸,被称为"假基因"。科学家认为,它们原本是编码蛋白质的真基因,由于发生变异而失去功能被弃之不用。它们的序列与真基因非常相似,但有着细微差别,正是这些差别使"假基因"不能编码蛋白质。去掉"假基因"不会影响有机体的功能,偶尔某个"假基因"发生变化、死而复生倒可能造成麻烦。由于"假基因"的存在不增加或减少生物的生存优势,所以进化过程很难把它们从基因组里清除出去,就好像把东西扔到了垃圾桶里却没有人把垃圾桶拿出去清理,结果越积越多一样。"假基因"在生物基因组中大量存在,人体内就有约2万个,几乎与真基因的数量相当。

有证据显示,至少一部分"垃圾"DNA很像真正的垃圾,因为动物失去它们之后依然生活得很好。2004年10月，一些美国科学家发表报告说，他们删除了小鼠基因组中超过100万个碱基对的非编码DNA（约占小鼠基因组的1%），但并没有对这些小鼠的发育、寿命和繁殖造成可察觉的影响。在之后对这些小鼠所做的100多项评估基因活性的组织测试中，只有两项发现了差异。他们还培育出失去300万个碱基对的非编码DNA小鼠，也没有发现明显异常。

▶ 不是垃圾而是宝藏

在人类基因组计划实施之前，对于这项人类历史上规模空前的世界性合作研究项目究竟该做些什么，存在一些争议。有一派观点认为，只需要测定编码蛋白质的那些DNA序列即可，因为对于DNA序列，我们只关心其中与基因相关的部分，而基因的一般定义就是用来编码一个蛋白质的DNA序列；另外一派观点认为，既然要测，就应该测定人类染色体内所有的DNA序列，不管它是不是跟编码蛋白质有关。这两个观点的差异主要来源于这么一个事实：在一个染色体所包含的完全DNA序列当中，编码蛋白质的部分只占非常非常小的分量，而大部分的DNA序列其实并不参与编码蛋白质，这样一些DNA序列一开始就

拓展阅读

大 鼠

大鼠是野生褐家鼠的变种，外观与小鼠相似，但体型较大。18世纪后期开始人工饲养，大鼠昼伏夜动，喜独居，胆小怕惊，喜啃咬，抗病力较强，敏感性强，遗传学较为一致，对实验条件反应较为近似，被誉为精密的生物研究工具，被广泛用于内分泌、药物、行为学、老年病学、肿瘤、感染性疾病、心血管疾病及中医药等方面的研究。大鼠具有多个品种、品系，可供不同实验选用。

伟大的基因工程

被称为"垃圾"DNA，表达了人们对它们的存在价值的基本判断。

这些非编码DNA，即使我们完全不了解它们的功用，也可以断定它们并不是垃圾，必定有着重要功能，高度保留共同DNA序列就属于这一种。2004年，一些美国科学家发表报告说，他们对比研究了人、大鼠、小鼠、鸡、狗、鱼等多个物种的基因组，发现其中存在一些极其相似乃至完全相同的DNA序列。这些DNA序列位于非编码区域中，共有480个，在人、大鼠和小鼠身上完全相同，与狗、鸡、鱼对应DNA序列的相似度也远远超过各物种基因组的平均相似度。不过，在海鞘和果蝇体内却找不到这些DNA序列。人们并不知道这些高度保留共同DNA序列有什么作用，它们在人和鼠身上的版本完全相同，意味着人和鼠的祖先分家之后的7500万年间，这些DNA序列没有发生任何改变，这是极其不可思议的。

为了防止偶然因素，研究者检查的DNA序列长度都超过了200个碱基对。从统计学上来说，这么长的DNA序列因为独立的偶然变异而重复出现3次基本上是不可能的。有480个这样的DNA序列重复出现3次，就更不可能了。有不少人根本就怀疑这个试验出了问题，认为人类的DNA污染了鼠的DNA样本。此外，这些DNA序列在人与鱼身上的版本差异很小，即在人和鱼祖先分家后的4亿年里改变甚微。这表明它们的稳定性对脊椎动物至关重要，微小的差异都可能造成致命后果。这也证明，不编码蛋白质，在传统上被认为是"垃圾"的DNA，绝对不是真正的垃圾。

科学家猜测，有些高度保留共同DNA序列可能影响着重要基因的活动，还有一些则控制着胚胎发育。这些DNA序列彼此差异很大，从中看不出与其功能有关的线索。科学家正考虑培养出缺少某一高度保留共同DNA序列的转基因小鼠，观察其生长发育有何异样，由此判断该DNA序列的作用。

人们曾经猜想，越复杂的生物基因数量越多，但事实已经推翻了这种观点。如前所述，人类基因数量与鸡和河豚的基因数量相近，阿米巴变形虫和洋葱则证明了基因组的总体大小与生物复杂性也全无关系。到底是什么决定了物种之间的根本差异？看来必须把传统的基因与被证明是宝藏的"垃圾"

基因结合起来考虑。

　　天文学家一度认为，那些在电磁波谱的各频段闪耀光芒的星星和尘埃就是这宇宙里的一切。然而，越来越多的证据使他们认识到，宇宙中还有人类所看不见的暗物质和暗能量，而且事实上它们占去了宇宙质量的绝大部分，我们所熟悉的物质只有百分之几。对暗物质和暗能量的研究是近年来宇宙学的重大进展，也是一项重大挑战，因为科学家至今也没能对它们的本质给出合理解释。"垃圾"DNA可以说是基因组的暗面，它们将改变生物学的面貌，就像暗物质和暗能量改变宇宙学的面貌那样。

　　不过随着研究工作的深入，越来越多的证据表明，那些所谓"垃圾"DNA实质上包含了非常重要的信息，并不是垃圾！因此回顾起来，我们不得不庆幸在人类基因组项目实施时最终还是谨慎占据了上风，得以对人类的完全DNA序列进行了测定，从而避免了潜在的重大科学损失。

知识小链接

果　蝇

　　果蝇是果蝇科、果蝇属的昆虫，约1000种。果蝇广泛地存在于全球温带及热带气候区，而且由于其主食为腐烂的水果，因此在人类的栖息地内如果园、菜市场等地区内皆可见其踪迹。除了南北极外，目前至少有1000个果蝇物种被发现，大部分的果蝇物种以腐烂的水果或植物体为食，少部分则只取用真菌、树液或花粉。

保守的"垃圾"DNA

　　既然编码蛋白质的DNA序列具有如此深厚的含义，那么"垃圾"DNA序列呢？生物学家们由此受到启发，于是把不同物种之间的"垃圾"DNA也

伟大的基因工程

拿来作对比,结果是不比不知道,一比吓一跳!

有人初步地比较了一下人和老鼠的基因组序列,发现其中所谓"垃圾"DNA里面,居然有5%的序列是非常保守的,也就是说它们在人和老鼠之间没有太大差异,而如果拿编码蛋白质的DNA序列进行比较的话,人和老鼠之间没怎么变化的序列的分量比"垃圾"DNA还少1到2个百分点,当然在那些保守的"垃圾"DNA里面,包含了部分本来就非常保守的用来编码RNA的序列,不过那个部分所占比例应该不大。

后来又有一组科学家对这个问题进行了更加系统的研究。他们首先通过和老鼠对比,在人的21号染色体上面确定出保守非基因序列,严格地从其中排除能够编码已知蛋白质的序列和编码RNA的序列。然后从其中选取220个这样的保守非基因序列,再确定了12种进化关系相距甚远的哺乳动物,包括鸭嘴兽和猴子等。他们运用聚合酶链式反应从这12种哺乳动物的DNA里面寻找那220个保守非基因序列,结果这220个保守非基因序列当

拓展阅读

鸭嘴兽

鸭嘴兽是最原始的哺乳动物之一,它的尾巴扁而阔,前、后肢有蹼和爪,适于游泳和掘土。鸭嘴兽穴居在水边,以水生昆虫和蜗牛等为食。繁殖时雌鸭嘴兽每次产两个卵,孵化后用乳汁喂养。鸭嘴兽仅分布于澳大利亚东部约克角至南澳大利亚之间,在塔斯马尼亚岛也有栖息。此外,鸭嘴兽是极少数用毒液自卫的哺乳动物之一,是珍贵的单孔目动物。

中的大多数都至少在一种哺乳动物的DNA序列当中发现,其中超过25%的保守非基因序列在至少10种哺乳动物的DNA序列当中同时发现。

更加令人吃惊的是,这些同时存在于不同哺乳动物DNA序列当中的保守非基因序列的相似性,甚至比同源的编码蛋白质,或者是编码RNA的基因还强。对于其中同时在至少12种物种当中发现的保守非基因序列,如果比较它们的核苷酸排列差异的话,还不及它们的蛋白质编码序列的核苷酸排列差异

的一半！最突出的一个例子，是一个包含100个核苷酸的DNA短序列，它在包括人的所有13种哺乳动物之间，只在6个核苷酸的位置上面发生了变异，甚至鸭嘴兽的这个短序列和人的一模一样！

这说明这个短序列从鸭嘴兽开始，就一直保留在哺乳动物的遗传信息里面，历经如此多的新物种的产生，它都稳定地没怎么发生变化。一般来说，这样高度的保守性对于编码蛋白质的DNA序列是非常有意义的，因为如果一种编码蛋白质的DNA序列在所有这些物种当中，都承担了一种基本的共通的生命活性功能，那么它的任何微小的变异，都有可能产生致命的后果，那么在进化产生新物种的同时，必定要求这个序列基本不发生变异地被新物种继承。但是既然那些保守非基因序列没有承担编码蛋白质或RNA的任务，为什么也具有如此高度的保守性呢？

正因为这个问题非常令人费解，于是有人会自然地怀疑这个实验是不是有可能出现错误，例如在其他物种的DNA里面寻找相同的序列时，有没有可能由于样品发生污染，而使得该物种本来没有的序列被混进去呢？这点也是实验者自己最为关注的问题，因此他们采取了一切最严格的措施，以避免这样的错误发生。另外，还存在一个外部证据，表明他们如此惊人的实验结果应该是没有错误的，即除了他们所选择的12种哺乳动物之外，另外一家研究机构公布了他们独立完成的对于狗的类似研究，而把这个狗的数据拿来比较的话，得到的结论是一致的。这样，就可以基本排除对于实验本身出错的担心。

由于他们选取的哺乳动物包括了非常原始的单孔目动物和最先进的人，这意味着这些序列一定经历了大概3亿年之久而没有发生太大的变异，这种保守性显示了它们一定具有对于物种来说非常重要的作用，否则，发生在这些序列当中的随机变异在这么长久的历史当中一定有所积累才对，但现在既然看不到这种积累，就只能说明它们的变异有可能影响物种的生存机会！一般的估计是，这些曾经被视为垃圾的DNA序列，对于基因的表达具有调节控制作用，当然，这样的猜测还需要未来大量的实验去揭示和验证。

伟大的基因工程

研究人员进一步估计,在人的整个 DNA 序列里面,大概存在 6 万个这样的保守非基因序列,相比之下,人所拥有的基因数目,也就是在整个 DNA 序列里面,编码蛋白质的序列单位,只有大约 3 万个。因此尽管目前人们把目光主要集中在那 3 万个左右的基因序列上面,但谁也不敢预测,当那 6 万个左右的保守非基因序列打破沉默,向我们表述它们的无名功能的时候,我们会感受到多大的震撼!

基本小知识

哺乳动物

哺乳动物是指脊椎动物亚门下哺乳纲的一类用肺呼吸空气的温血脊椎动物,因能通过乳腺分泌乳汁来给幼体哺乳而得名。哺乳动物的身体结构复杂,有区别于其他类群的大脑结构、恒温系统和循环系统。它们外形多样,小至体长 30 毫米长有翅膀的凹脸蝠,大至体长 33 米形同鱼类的蓝鲸。它们有很好的环境适应能力,分布在从海洋到高山,从热带到极地的广泛区域。人类也是哺乳动物的一员。

"滴血认亲"是真的吗?

古代讲的"滴血认亲",就是小孩的血跟大人的血如能够融在一块,就是父母亲生的,否则就不是。据了解,我国宋代的法医著作里面就记载了古老的亲子认定办法,进入现代社会,"滴血认亲"这个老办法肯定用不上了。其实这种方法没有任何科学依据。而在这种鉴定过程中,亲子关

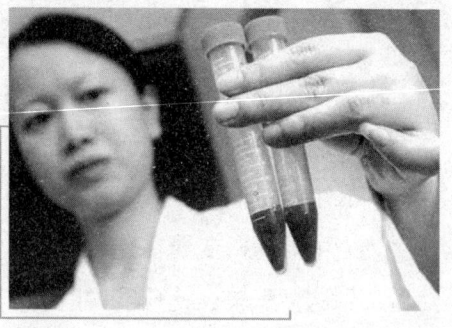

亲子鉴定

DNA——解开遗传的密码

系的血液不一定能融合，而不是亲子关系的血液常常能融合，因为只要血型相同，血液就能融合到一起。

现代的"滴血认亲"就要依靠 DNA 亲子鉴定技术了。

通过遗传标记的检验与分析来判断父母与子女是否亲生关系，被人们称为亲子试验或亲子鉴定。DNA 是人体遗传的基本载体，人类的染色体是由 DNA 构成的，每个人体细胞有 23 对（46 条）染色体，其分别来自父亲和母亲。夫妻之间各自提供的 23 条染色体，在受精后相互配对，构成了孩子的 23 对（46 条）染色体。如此循环往复构成了生命的延续。

由于人体约有 30 亿个核苷酸构成整个染色体系统，而且在生殖细胞形成前的互换和组合是随机

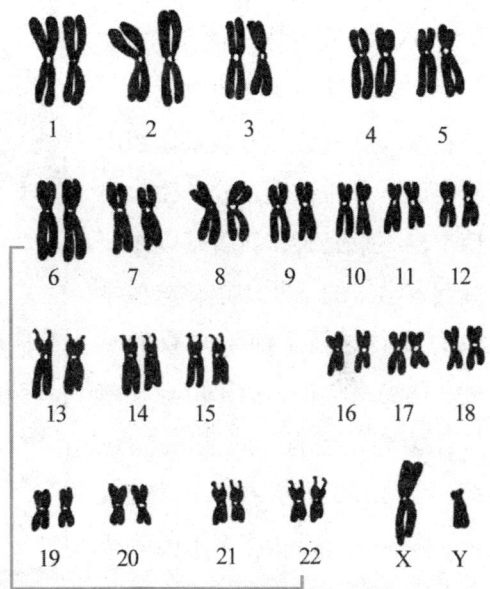

23 对染色体

的，所以世界上没有任何两个人具有完全相同的 30 亿个核苷酸的组成序列，这就是人的遗传多态性。尽管存在遗传多态性，但每一个人的染色体必然也只能来自其父母，这就是 DNA 亲子鉴定的理论基础。

传统的血清学方法能检测红细胞血型、白细胞血型、血清型和红细胞酶型等，遗传标志为蛋

拓展阅读

O 型血

O 型血是一种常见血型，是指血中既不含 A 抗原又不含 B 抗原的血。通常认为 O 型血可以随便输血的观点是错误的，因为 O 型血血清中有抗 A、抗 B 凝集素，可引起受血人的红细胞溶血。

白质（包括糖蛋白）或多肽，它们容易失活并导致人们得不到理想的检验结果。此外，这些遗传标志均为基因编码的产物，多态信息含量（PIC）有限，不能反映DNA编码区的多态性，且这些遗传标志存在生理性、病理性变异（如A型、O型血的人受大肠杆菌感染后，B抗原可能呈阳性）。因此，其应用价值有限。

DNA检验可弥补血清学方法的不足，故受到了法医物证学工作者的高度关注。人类基因组的研究进展日益加快，分子生物学技术也不断完善，随着基因组研究向各学科的不断渗透，这些学科的进展达到了前所未有的高度。在法医学上，STR位点和单核苷酸位点检测分别是第二代、第三代DNA分析技术的核心，是继限制性片段长度多态性等研究而发展起来的检测技术。作为

你知道吗

白细胞

白细胞通常被人们称为免疫细胞，是人体和动物血液及组织中的无色细胞，有细胞核，能做变形运动。白细胞一般有活跃的移动能力，它们可以从血管内迁移到血管外组织，或从血管外组织迁移到血管内。因此，白细胞除存在于血液和淋巴中外，也广泛存在于血管、淋巴以外的组织中。

最前沿的刑事生物技术，DNA分析为法医物证检验提供了科学、可靠和快捷的手段，使物证鉴定从个体排除过渡到了可以做同一认定的水平，而且DNA检验能直接认定犯罪，为凶杀案等重大疑难案件的侦破提供准确可靠的依据。随着DNA技术的发展和应用，DNA检验将成为破案的重要手段和途径。此方法作为亲子鉴定已经是非常成熟的，也是国际上公认的最好的一种方法。

人类指纹图的妙用

指纹是人类手指末端指腹上由凹凸的皮肤所形成的纹路。指纹能使手在接触物件时增加摩擦力，从而更容易发力及抓紧物件。指纹是人类进化过程中自然形成的。目前尚未发现有不同的人拥有相同的指纹，所以每个人的指

纹也是独一无二的。指纹的形成主要受遗传影响，由于每个人的遗传基因不同，所以指纹也不同。然而，指纹的形成虽然主要受到遗传影响，但也有环境因素，当胎儿在母体内发育3～4个月时，指纹就已经形成，但儿童在成长期间指纹会略有改变，直到14岁左右时才会定型。在皮肤发育过程中，虽然表皮、真皮等都在共同成长，但柔软的皮下组织长得比相对坚硬的表皮快，因此会对表皮产生源源不断的上顶压力，迫使长得较慢的表皮向内层组织收缩塌陷，逐渐变弯变皱，以减轻皮下组织施加给它的压力。如此一来，一方面使劲向上攻，一方面被迫往下撤，导致表皮长得弯弯曲曲，坑洼不平，形成纹路。这种变弯变皱的过程随着内层组织产生

指　纹

的上层压力的变化而波动起伏，形成凹凸不平的脊纹或皱褶，直到发育过程中止，指纹最终定型。有人说骨髓移植后指纹会改变，那是不对的。除非是植皮或者深达基底层的损伤，否则指纹是不会变的。

指纹，由于其具有终身不变性、唯一性和方便性，已几乎成为生物特征识别的代名词。由于每个人的指纹不同，就是同一人的十指之间，指纹也有明显的区别，因此指纹可用于身份鉴定。其实，我国古代早就利用指纹（手印）来签押。指纹在国外也很早就受到了重视。1684年，植物形态学家格鲁发表了第一篇研究指纹的科学论文。1809年，比威克把自己的指纹作为商标。1880年，福尔兹提倡将指纹用于识别罪犯。1891年，高尔顿提出了著名的高尔顿分类系统。之后，英国、美国、德国等国的警察部门先后将指纹鉴别法作为身份鉴定的主要方法。随着计算机和信息技术的发展，科学家于20世纪60年代开始研究开发自动指纹识别系统（AFIS）用于刑事案件侦破。目前，世界各地的警察局已经广泛采用了自动指纹识别系统。20世纪90年代，用于个人身份鉴定的自动指纹识别系统得到了开发和应用。

现在的计算机应用中，包括许多非常机密的文件保护，大都使用"用户

ID+密码"的方法来进行用户的身份认证和访问控制。但是，如果一旦密码忘记，或被别人窃取，计算机系统以及文件的安全问题就受到了威胁。

随着科技的进步，指纹识别技术已经完全进入计算机世界中。目前许多公司和研究机构都在指纹识别技术领域取得了突破性进展，推出许多指纹识别与IT技术完美结合的应用产品，这些产品已经被越来越多的用户所认可。指纹识别技术多用于对安全性要求比较高的商务领域，下面就对指纹识别系统在笔记本电脑中的应用进行简单介绍。

众所周知，笔记本电脑很早就将指纹识别技术用于用户登录时的身份鉴定，但是，当时推出的指纹系统属于光学指纹识别系统，是第一代指纹识别技术。光学指纹识别系统由于光不能穿透皮肤表层，所以只能够扫描手指皮肤的表面，但不能深入真皮层。

指纹考勤机

在这种情况下，手指表面的干净程度，直接影响到识别的效果。如果用户手指上粘了较多的灰尘，可能就会出现识别出错的情况。并且，如果人们按照手指，做一个指纹手模，也可能通过识别系统，对于用户而言，使用起来不是很安全和稳定。

发展到今天，IBM等品牌的笔记本电脑开始采用第二代指纹识别系统，以期改变以前指纹识别容易出错和不稳定的缺点。新一代的指纹识别系统采用了电容传感器技术，电容传感器发出电子信号，电子信号将穿过手指的表面，到达真皮层，直接读取指纹图案，从而大大提高了系统的安全性。

知识小链接

IBM

IBM，即国际商业机器公司，总公司在纽约州阿蒙克市，1911年创立于美国，是全球最大的信息技术和业务解决方案公司，业务遍及160多个国家和地区。该公司创立时的主要业务为商用打字机，之后转为文字处理机，然后到计算机和有关服务。

伟大的基因工程

基因与克隆技术

  一个细菌经过20分钟左右就可一分为二；一根葡萄枝切成十段就可能变成十株葡萄；仙人掌切成几块，每块落地就可能生根；一株草莓依靠它沿地"爬走"的匍匐茎，一年内就能长出数百株草莓苗……凡此种种，都是生物靠自身一分为二或自身一小部分的扩大来繁衍后代，这就是无性繁殖。

  克隆技术会给人类带来极大的好处，它对于研究癌生物学、研究免疫学、研究人的寿命等都有不可低估的作用。有人在考虑，是否可用自己的细胞克隆出一个胚胎，在其成形前就冰冻起来。在将来的某一天，自身的某个器官出了问题时，就可从胚胎中取出这个器官进行培养，然后替换自己病变的器官。这也就是用克隆法为人类自身提供"配件"。但是，克隆人的利与弊，一直是全世界科学家争论的焦点。有关克隆人的讨论提醒人们，科技进步是一首悲喜交集的进行曲。

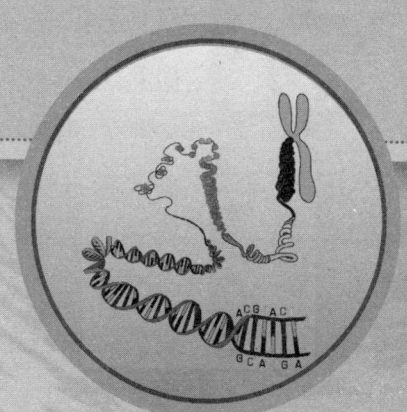

什么是克隆？

克隆是利用生物技术由无性繁殖产生与原个体有完全相同基因组之后代的过程，这门生物技术叫克隆技术，其本身的含义是无性繁殖，即由同一个祖先细胞分裂繁殖而形成的细胞系，该细胞系中每个细胞的基因彼此相同。克隆通常是一种人工诱导的无性繁殖方式或者自然的无性繁殖方式（如植物）。克隆可以是自然克隆，例如由无性繁殖或是由于偶然的原因产生两个遗传上完全一样的个体（就像同卵双生一样）。但是我们通常所说的克隆是指通过有意识的设计来产生的完全一样的复制。

克隆与无性繁殖是不同的。无性繁殖是指不经过雌雄两性生殖细胞的结合，只由一个生物体产生后代的生殖方式，常见的有孢子生殖、出芽生殖和分裂生殖。由植物的根、茎、叶等经过压条或嫁接等方式产生新个体也叫无性繁殖。绵羊、猴子和牛等动物没有人工操作是不能进行无性繁殖的。关于克隆的设想，我国明代的大作家吴承恩已有精彩的描述：孙悟空经常在紧要关头拔一把猴毛变出一大群猴子。这当然是神话，但用今天的科学名词来讲就是孙悟空能迅速地克隆自己。从理论上讲，猴子毛含全部脱氧核糖核酸序列，也就是可以克隆。

孙悟空变出的猴群

目前克隆技术的基本过程是先将

含有遗传物质的供体细胞的核移植到去除了细胞核的卵细胞中，利用微电流刺激等使两者融合为一体，然后促使这一新细胞分裂繁殖发育成胚胎，当胚胎发育到一定程度后，再被植入动物子宫中使动物怀孕，便可产下与提供细胞者基因相同的动物。这一过程中如果对供体细胞进行基因改造，那么无性繁殖的动物后代的基因就会发生相同的变化。

克隆技术不需要雌雄交配，不需要精子和卵子的结合，只需从动物身上提取一个单细胞，用人工的方法将其培养成胚胎，再将胚胎植入雌性动物体内，就可孕育出新的个体。这种以单细胞培养出来的克隆动物，具有与单细胞供体完全相同的特征，是单细胞供体的"复制品"。英国科学家和美国科学家先后培养出了克隆羊和克隆猴，克隆技术的成功，被人们称为"历史性的事件，科学的创举"。有人甚至认为，克隆技术可以同当年原子弹的问世相提并论。

在生物学上，克隆通常用在：克隆一个基因或是克隆一个物种。克隆一个基因是指从一个个体中获取一段基因（例如通过聚合酶链式反应的方法），然后将其转入宿主细胞或受体生物进行表达。另外在动物界也有无性繁殖，不过多见于非脊椎动物，如原生动物的分裂繁殖、尾索类动物的出芽生殖等。但对于高级动物，在自然条件下，一般只能进行有性繁殖，所以要使其进行

你知道吗

原生动物

原生动物是原生生物当中较接近动物的一类，由单细胞所组成，异养生活，能够运动。动物中排除原生动物，剩下的多细胞动物被称为后生动物。原生动物很微小，一般只能通过显微镜才能看到。但在马里亚纳海沟发现的一类阿米巴变形虫，可以达到20厘米直径。经记录的原生动物约有5万种。

无性繁殖，科学家必须经过一系列复杂的操作程序。在20世纪50年代，科学家成功地无性繁殖出一种两栖动物——非洲爪蟾，揭开了细胞生物学的新篇章。

伟大的基因工程

英国和我国等国在20世纪80年代后期先后利用胚胎细胞作为供体,克隆出了哺乳动物。到20世纪90年代中期,我国已用此种方法克隆了老鼠、兔子、山羊、牛、猪5种哺乳动物。

1996年7月5日,科学家克隆出一只基因结构与供体完全相同的小羊"多莉",世界舆论为之哗然。"多莉"的特别之处在于它的生命的诞生没有精子的参与。研究人员先将一个绵羊卵细胞中的遗传物质吸出去,使其变成空壳,然后从一只6岁的母羊身上取出一个乳腺细胞,将其中的遗传物质注入卵细胞空壳中。这样就得到了一个含有新的遗传物质但却没有受过精的卵细胞。这一经过改造的卵细胞分裂、增殖形成胚胎,再被植入另一只母羊子宫内,随着母羊的成功分娩,"多莉"来到了世界。

➡ 小羊"多莉"的烦恼

"多莉"出生于1996年7月5日,它是由英国爱丁堡罗斯林研究所的科学家们克隆出来的。"多莉"出生时体重为6.6千克。在2003年2月14日,"多莉"因患肺病而接受"安乐死",最终只活了六岁半。普通的羊一般可以活12年左右,为什么"多莉"会如此命短呢?

我们先看看"多莉"是如何出生的吧!

"多莉"出世历经曲折。在培育"多莉"的过程中,科学家采用体细胞克隆技术,主要分4个步

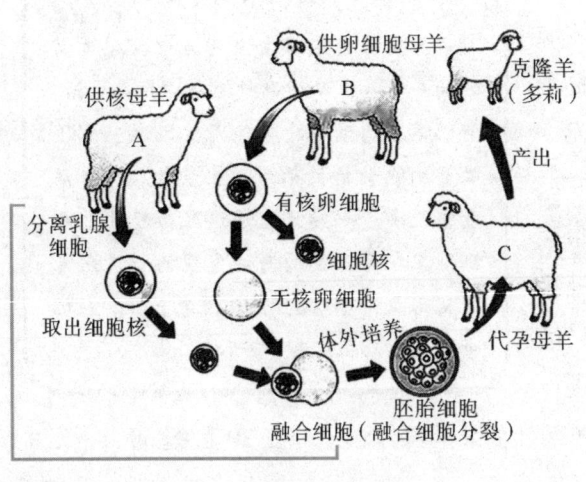

克隆羊的过程

骤进行：步骤一，从一只6岁芬兰多塞特白面母绵羊（A）的乳腺中取出乳腺细胞，将其放入低浓度的营养培养液中，细胞逐渐停止分裂，此细胞被称为供体细胞；步骤二，从一头苏格兰黑面母绵羊（B）的卵巢中取出未受精的卵细胞，并立即将细胞核除去，留下一个无核的卵细胞，此细胞被称为受体细胞；步骤三，利用电脉冲方法，使供体细胞和受体细胞融合，最后形成融合细胞。电脉冲可以产生类似于自然受精过程中的一系列反应，使融合细胞也能像受精卵一样进行细胞分裂、分化，从而形成胚胎细胞；步骤四，将胚胎细胞转移到另一只苏格兰黑面母绵羊（C）的子宫内，胚胎细胞进一步分化和发育，最后形成小绵羊——"多莉"。也就是说，"多莉"有3个母亲：它

克隆羊"多莉"

的"基因母亲"是芬兰多塞特白面母绵羊（A）；科学家取这头绵羊的乳腺细胞，将其细胞核移植到第二个母亲（"借卵母亲"），一个剔除细胞核的苏格兰黑面母绵羊（B）的卵子中，使之融合、分裂、发育成胚胎；然后移植到第三头羊（C）——"代孕母亲"子宫内发育形成"多莉"。

细 胞 质

基本小知识

细胞质是细胞质膜包围的除细胞核外的一切半透明、胶状、颗粒状物质的总称。细胞质包括基质、细胞器和包含物。基质指细胞质内呈液态的部分，是细胞质的基本成分，主要含有多种可溶性酶、糖、无机盐和水等。细胞器是分布于细胞质内、具有一定形态、在细胞生理活动中起重要作用的结构，包括：线粒体、叶绿体、内质网、高尔基体、溶酶体、微丝、微管、中心粒等。细胞质在细胞内有着重要的角色，就是作为"分子液"，使各种细胞器能在其中悬浮及透过脂肪膜聚集在一起。

伟大的基因工程

从理论上讲,"多莉"继承了提供体细胞的那只绵羊（A）的遗传特征,它是一只白面绵羊,而不是黑面绵羊。分子生物学的测定也表明,它与提供细胞核的那头羊,有完全相同的遗传物质（确切地说,是完全相同的细胞核遗传物质,还有极少量的遗传物质存在于细胞质的线粒体中）,它们就像是一对双胞胎。

"多莉"出世之后,享尽了"羊间"荣华富贵。

1998年和1999年是"多莉"最幸福的两年,它不仅继续享受作为首只克隆羊应享有的超级待遇,还与一只名叫"戴维"的威尔士山羊"喜结良缘",于1998年4月13日生下一只雌性的体重2.7千克的小羊羔,取名"邦妮"。1999年,"多莉"一家又迎来了3个可爱的羊宝宝。

"多莉"和它的孩子

幸福生活刚刚开始,糟糕的消息便传来:罗斯林研究所的科学家1999年宣布,他们发现"多莉"体内细胞开始显露老年动物所特有的征候。论自然年龄,"多莉"当时刚刚三四岁,尚在"而立之年"。作为克隆技术及其应用的象征,"多莉"带来争论,也留下谜团。其中,最大的一个谜就是:克隆动物是否早衰?

拓展阅读

体细胞

体细胞是相对于生殖细胞的概念。这类细胞的遗传信息不会像生殖细胞那样遗传给下一代。高等生物的细胞大部分都是体细胞。体细胞产生的突变不会对下一代产生影响。体细胞的染色体数是经减数分裂得出的生殖细胞的两倍。例如人类的体细胞是双倍体,而精子、卵子则是单倍体。

据罗斯林研究所透露,在对"多莉"实施"安乐死"之前,"多莉"已经不停地咳嗽了一个多星期。2003年2月14日，经兽医诊断，"多莉"患有严重的进行性肺病。所谓"进行性"疾病是指病情不断发展恶化，生命危在旦夕。鉴于这种情况，研究所决定为"多莉"实施"安乐死"。他们实在不忍眼睁睁地看着"多莉"受疾病折磨而终，希望这只曾经享受过生命的快乐，并且为全世界带来过无数惊喜的可爱的小绵羊，平静安详地离去。

一般情况下，绵羊的寿命可以长达12年，从理论上讲克隆羊"多莉"只活到了普通羊的一半，但是它已经患多种慢性疾病，包括风湿、早衰以及逐渐恶化的肺病。

曾经在我国率先克隆出第一头克隆牛的中国农业大学教授陈永福说："生命的长短取决于染色体的分裂次数，'多莉'之所以6岁多就出现早衰症状，那是因为它的遗传物质取自一头六七岁的绵羊。按普通绵羊十一二岁的寿命，这头绵羊体细胞中的染色体已经分裂了六七年，因此，它们在'多莉'体内当然也只能再持续分裂六七年，这说明克隆技术无法让细胞'返老还童'。"

植物"试管婴儿"

提起"试管婴儿"，人们想到的就是试管受精，这在动物和人上都有大量成功的事例，可植物的"试管婴儿"是什么呢？其实就是人工种子。

"春种一粒粟，秋收万颗籽。"自古以来，人们播种习惯上都用天然种子。可是，种子不仅繁殖周期长，而且常常因减数分裂引起遗传重组，使植物的优良性状

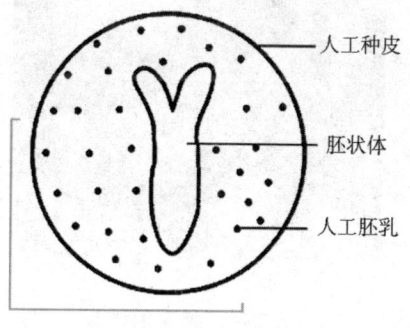

人工种子

不稳定，出现品种退化、品质变劣等现象。另外，有一些植物的种子获取非常困难。

伟大的基因工程

　　细胞工程技术的开展，为作物的育种与繁殖提供了不少新的技术手段。在离体培养条件下，植物学家们已经可以使植物的一个芽、一小块茎、一小块叶甚至一个细胞再生成为小植株；在实验室里，一年四季可生产出成千上万的试管植物来。在植物细胞工程技术的基础上，1978年，美国植物学

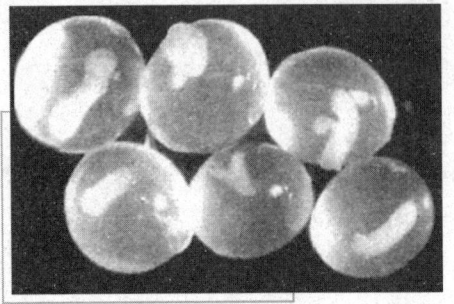

人工种子模式

家穆拉希格又提出了一个新的想法：将试管培养出来的芽或胚状体（一种类似于自然种子的胚，有根和芽的结构），包以胶囊，使之保持种子的机能以代替自然种子而用于田间播种，即人工种子模式。

　　人工种子，又称合成种子或体细胞种子，是将植物的体细胞胚埋在含有营养成分和保护功能的物质中，再在适宜的条件下使其发芽出苗。人工种子的概念首先是1978年由穆拉希格在第四届国际植物组织细胞培养大会上提出的。他认为随着组织培养技术的不断发展，可以用少量的外植体同步培养出众多的胚状体，这些胚状体被包埋在某种胶囊内使其具有种子的功能，可以直接用于田间播种。

人工种子培育的番茄

　　日本学者 Kamada 1985 年首先将人工种子的概念延伸，认为使用适当的方法包埋植物组织，并进行培养所获得的具有发育成完整植株的分生组织（芽、愈伤组织、胚状体和生长点等），可取代天然种子播种的颗粒体均为人工种子。

　　中国科学家将人工种子的概念进一步扩展：任何一种繁殖体，无论是胶

囊中包埋的，裸露的或经过干燥的，只要能够发育成完整植株的均可称之为人工种子。

人工种子充分利用了繁殖技术的优势，又吸收了植物生长发育和农业生物技术研究的先进成果。人工种子具有以下优点：①繁殖速度快。人工种子中的体细胞胚是通过组织培养法生产的，故能以很快的速度繁殖生产体细胞胚。人工种子的包裹层是通过化学方法生产的，不存在生物生产的任何限制；②可望获得整齐一致的植物苗，有利于农业生产的规范化、标准化和机械化管理，不存在任何遗传变异问题；

人工种子培养箱

③缩短育种周期、加速良种繁育速度；④具备一些天然种子不具备的功能，具有特殊价值；⑤便于贮藏和运输，适合机械化播种。

但是目前人工种子的研究才刚刚起步，距离实际应用还有不小的距离。尽管科学家们在实验室中已获得了包括芹菜、莴苣、胡萝卜、花椰菜、水稻和橡胶在

莴苣

莴苣，菊科，莴苣属，一年生或两年生草本植物。莴苣分为叶用和茎用两类。叶用莴苣又称春菜、生菜，茎用莴苣又称莴笋、香笋。莴苣的茎不开花时很短，开花时茎伸长并分叉，每个叉的顶端有许多小的蒲公英似的花，但比蒲公英的花小。食用的莴苣在开花前就收割了。有一类变异的莴苣颜色是紫色的。莴苣是一种很常见的食用蔬菜，中国、日本等国的人往往煮熟后食用，在西方文化中人们往往放在汉堡包等食品中生食。

内的 10 余种植物的人工种子，但许多植物还不能成功地诱导出高质量的胚状体来。此外，现有的人工种皮和人工胚乳也不够理想，尤其是不能有效抵御微生物的侵袭。人工种子的贮藏特性也有待于进一步改善。

人类都克隆了什么？

克隆鼠"卡缪丽娜"

20世纪60年代开始，人类就开始尝试用克隆技术了。1962年，科学家尝试克隆蛙，但没有成功。在20世纪90年代中期，我国科学家运用胚胎细胞作为供体，成功地克隆了老鼠、兔子、山羊、牛和猪 5 种哺乳动物。严格来讲，这些都不能算是真正的无性繁殖，它们的遗传基因来自胚胎，且都是用胚胎细胞进行的核移植，胚胎细胞本身就是通过有性繁殖产生的，其细胞核中的基因组一半来自父本，一半来自母本。直到1996年"多莉"的问世，人类真正实现了无性繁殖。"多莉"的诞生确实震惊了世界！

此后，人类开始在动物身上广泛地运用克隆技术。

美国夏威夷大学主导的国际研究小组于1997—1998年成功培育出 3 代共 50 多只克隆鼠。其中，第一只克隆鼠"卡缪丽娜"的诞生时间为 1997 年 10 月

克隆猴"泰特拉二世"

3日。

　　1999年，俄勒冈地区灵长类动物研究中心的科学家将用克隆技术培育的恒河猴胚胎植入"代孕母亲"体内，后来有4只猴子成功受孕，但只有一个平安降生，它就是"泰特拉二世"。

　　2002年年初，美国科学家培育出了世界上第一只克隆猫"CC"，"CC"出生时极有活力，看起来完全正常，"CC"身上的三色短毛与它的猫妈妈十分相似，但不是完全相同，可是"CC"的毛色与为它提供子宫的虎斑猫迥然相异。研究人员表示，决定毛色的因素包括遗传基因与子宫内的环境，因此"CC"的毛色是独一无二的。它于2006年顺利产下3只小猫。

　　2003年5月28日在意大利克雷莫纳市繁殖技术与家畜饲养实验室里，诞生了世界上第一匹克隆马——"普罗梅泰亚"，

克隆猫

它是一匹雌马，它的DNA医学鉴定结果与母马完全相同。这是因为用于克隆小雌马，培植胚胎发育的体细胞就是由生下小雌马的母马提供的，也就是说，这是世界上首例哺乳动物生下它自己的克隆体。"普罗梅泰亚"是自然顺产，出生时体重36千克，属正常范围。研究人员说，这种克隆技术更为容易和实用，有助于挽救濒临灭绝的稀有马种。

　　作为新世纪的尖端科学，克隆技术从它诞生的那一刻起就吸引了众多世人的目光。作为世界上最大的发展中国家，中国一直在致力于前沿科学的研究。据目前的状况来看，克隆作为新兴的技术在中国得到前所未有的关注而且硕果累累。

　　2000年6月16日，由西北农林科技大学动物胚胎工程专家张涌教授培育的世界首例成年体细胞克隆山羊"元元"在该校种羊场顺利诞生。"元

伟大的基因工程

元"由于肺部发育缺陷,只存活了 36 小时。同年 6 月 22 日,第二只体细胞山羊"阳阳"又在西北农林科技大学出生。2001 年 8 月 8 日,"阳阳"在西北农林科技大学产下一对"龙凤胎",表明第一代克隆山羊有正常的繁育能力。

知识小链接

西北农林科技大学

西北农林科技大学是教育部直属全国重点大学,由教育部与农业部、水利部、国家林业局、中国科学院等 16 个部委和陕西省共建。西北农林科技大学现为国家"985 工程"和"211 工程"重点建设高校,教育部"援疆学科建设计划"40 所全国重点大学之一,同时是我国西北地区现代高等农业教育的发源地。该校建校以来,以推进旱区农业发展为己任,为我国农业及农业高等教育事业的发展做出了重要贡献。

据介绍,2003 年 2 月 26 日,克隆羊"阳阳"的女儿"庆庆"产下千金"甜甜"。2004 年 2 月 6 日,"甜甜"顺利产下女儿"笑笑"。"阳阳"家族实现了四代同堂。这不仅表明第一代克隆山羊具有生育能力,其后代仍具有正常的生育能力。

克隆山羊和它的孩子

在河北农业大学与山东农业科学院生物技术研究中心联合攻关下,中国的科技人员通过名为"家畜原始生殖细胞胚胎干细胞分离与克隆的研究"的实验课题,成功克隆出两只小白兔——"鲁星"和"鲁月"。这项实验表明中国已经成功地掌握了胚胎克隆,虽然在技术上还没有达到体细胞克隆羊"多莉"的水平,但它为中国的克隆技术进步奠定了基础。

克隆兔

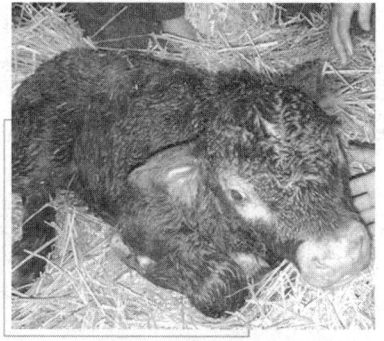

克隆牛"波娃"

之后，中国广西大学动物繁殖研究所成功繁殖了体型比普通的兔子大的克隆兔。因为兔子与人类的生物特征更加接近，克隆兔的成功诞生，有助于人类医学研究。

2002年5月27日，中国农业大学通过合作，运用体细胞克隆技术，成功克隆了国内第一头优质黄牛——红系冀南牛。这头名为"波娃"的体细胞克隆红系冀南牛经权威部门鉴定，部分克隆技术指标达到国际水平。红系冀南牛是我国特有的优良地方黄牛品种，分布在我国河北，主要特点是耐寒、肉多脂少。但目前数量急剧减少，已濒临灭绝。此次成功克隆，对保护我国濒危物种具有深远影响。

2002年10月16日中午，中国第一头利用玻璃化冷冻技术培育出的体细胞克隆牛在山东省梁山县诞生。这头克隆牛的核供体来自于一头每年产奶10吨以上的优质黑白花奶牛的耳皮肤成纤维细胞。克隆胚胎经过玻璃化冷冻后移植到一头鲁西黄牛体内，经过281天后于2002年10月16日产出一头健康的黑白花奶牛。这头克隆牛诞生时体重40千克，身高80厘米，体长72厘米，胸围80厘米，当天14点20分初乳，14点

克隆奶牛

30分开始站立,当晚能叫、能卧、能蹦,与正常出生的奶牛体征无异。这是中国首例利用玻璃化冷冻技术培育出的第一头体细胞克隆牛。在此之前,中国一直沿用的是鲜胚移植技术,尚未有利用冷冻技术克隆成功的先例。

知识小链接

冀南牛

冀南牛主要分布于河北省平原南部的部分县、市及与河南、山东交界处的部分县、市。冀南牛为中等役用型牛,一般体格中等,体质结实紧凑,背腰较平直,尻部稍倾斜,四肢粗壮,迈步较快,适于农业用途。冀南牛毛短而稀疏,以红、黄二色为多;角色以棕色和黑玉色为主;蹄色绝大多数为棕色带有纵向黑条纹。公冀南牛有较高的肩峰,以横角和上向内曲角居多;母冀南牛无肩峰,以前向角、下向内角及横角为主。成年冀南牛的角较长、稍扁、左右对称。

克隆人违背伦理遭反对呼声

现代科技,特别是现代生命科技,要不要尊重伦理学原则,要不要倾听伦理的声音?有关专家针对一些科学狂人秘密克隆人的做法指出——克隆人违背人类生命伦理,存在着极大的争议和难以解决的一系列法律等问题。

目前世界上大部分国家都主张杜绝克隆人的出现,有的国家甚至出台了相关的法律来明令禁止克隆人。我国也明确表示反对进行克隆人的研究,而主张把克隆技术和克隆人区别开来。

实际上,人们不能接受克隆人实验的最主要原因,在于传统伦理道德观念的阻碍。千百年来,人类一直遵循着有性繁殖方式,而克隆人却是实验室里的产物,是在人为操纵下制造出来的生命。而且,克隆人与被克隆人之间的关系也有悖于传统的由血缘确定亲缘的伦理方式。所有这些,都使得克隆人无法在人类传统伦理道德里找到合适的安身之地。

基本小知识

监 护 人

监护人是指对无行为能力或限制行为能力的人的人身、财产和其他一切合法权益负有监督和保护责任的人。一般来说，未成年人、精神病患者及其他有严重精神障碍的人，都应设置监护人。我国《民法通则》规定的监护人有以下三种情况：监护人的近亲属，包括父母、成年子女、配偶、兄弟姐妹、祖父母、外祖父母、孙子女、外孙子女；关系密切的其他亲属和朋友，这些人虽然与近亲属不同，没有必须担任监护人的法律上的义务，但是，有些是自愿承担监护责任的，经所在单位或者居委会、村委会同意，可以担任监护人；如果没有上述监护人，则由社会和国家负责，由所在单位或者居委会、村委会或者民政部门担任监护人。

首先克隆人没有监护人。自然人正常降生后，一般有父母作为合法的监护人。当其父母逃避监护和抚养责任时，这不仅要受到道德的谴责，还应受到民事责任的追究。作为克隆人，谁是他们的父母，这是一个非常重要的问题。最初的克隆技术基本是有性繁殖的继续，有精子供体和卵子供体，理论上是存在父母的。但现在提供体细胞核的克隆技术已经出现，无性繁殖基本成熟。克隆人基本是体细胞核提供者的"翻版"，但提供体细胞核者有可能是与其年龄相当的人，因此从伦理上应当做父亲的体细胞提供者在年龄和行为能力上也许并不可以。

实质上无论是哪一种技术，克隆人几乎都是找不到他们的父母。也许他们的父母根本不认识，他们只是研究者的一个"研究成果"。

克隆人还可能是被某个母体代孕后降生的。克隆人的代孕母亲是否有义务成为其监护人，这也很难确定。因为代孕母亲所生的孩子也许与自己并无一点血缘关系，既然没有血缘关系，也不能要求代孕者承担监护抚养义务。由于克隆技术已经到了单性繁殖的水平，因此，克隆人甚至享受不了非婚生子的待遇，降生之后就是一个彻底的孤儿。

伟大的基因工程

让我们想象，一个在身体机能上存在缺陷的人，同时在社会地位上同样存在缺陷，这不是一种残忍吗？谁来看护他，谁来教育他，他又能如何被塑造成一个有益于社会的人呢？也许，克隆人的生命还不如真正的动物幸运，动物出生后，都有母亲来哺育，而克隆人从来到世界上就是一个实验品。相信，克隆人的感知力与人类是一致的，他们同样惧怕疼痛，惧怕孤独，惧怕流血，惧怕死亡；他们需要亲情，需要友情，需要爱情，但这一切他们又怎能得到呢？

由于没有监护人，代孕人与研究人之间完全可以是一种商业合同关系。代孕人生完了孩子，养育到一定时间，即可交"货"。这时研究者如何利用这些呢？研究者可能是为委托人生产下一代但也完全可以为他们自身的犯罪目的或委托人的犯罪目的而自由地处置这些"人类"。这所有的一切将可能因克隆人没有父母监护而发生。

知识小链接

荣誉权

荣誉权是指公民、法人所享有的，因自己的突出贡献或特殊劳动成果而获得的光荣称号或其他荣誉的权利。荣誉权的特征有两个方面：其一，荣誉权的客体是荣誉的本身及荣誉本身所包含的利益。荣誉的本身是一种正式社会评价，它是荣誉权的客体。同样，荣誉所包含的利益也是荣誉权的客体。其二，荣誉权既是一种既得权，也是一种期待权。荣誉既得权表现为荣誉权人对其已经取得的荣誉及其利益的独占权，其他任何人都对这一权利客体负有不得侵犯的法定义务。荣誉期待权，即荣誉获得权主体在符合法定条件时，而组织没有授予其荣誉，就可以向组织主张应获得的荣誉的权利。

其次，克隆人的人格权和荣誉权无法确定。人都是社会性的，作为克隆人同样是。那些希望有一个克隆儿的父母毫无疑问也想有一个自立于社会的孩子。可是，由于克隆人的特殊背景，他的健康无法保证。由于健康及免疫力的先天问题，克隆人容易患有传染病、精神病，这一切使他的健康自生下来就受到侵害，而这种侵害完全也是人为的。由于有疾病，周围的普通人自然很难接受克隆人，一个无法融入社会的克隆人又怎能实现一个正常人的价值呢？研究出来的克隆人如果连普通人应该享有的幸福都没有，连普通人被社会认可的水平都达不到，这种研究又有什么价值呢？这样的孩子难道不更是让父母担忧和痛苦吗？一个得不到社会认可的克隆人，他的人格权、荣誉权又如何得到尊重呢？

有关克隆人的讨论提醒了人们，科技进步是一首悲喜交集的进行曲。科技越发展，对社会的渗透越深入，就越有可能引起许多有关的伦理、道德和法律等问题。诺贝尔奖获得者，著名分子生物学家沃森说过："可以期待，许多生物学家，特别是那些从事无性繁殖研究的科学家，将会严肃地考虑它的含意，并展开科学讨论，用以教育世界人民。"

基本小知识

传 染 病

传染病是一种可以从一个人或其他物种，经过各种途径传染给另一个人或物种的感染症。通常这种疾病可通过已感染个体、感染者体液及排泄物、感染者所污染到的物体而传播，亦可透过饮水、食物、空气或其他载体而散布。有些传染病，防疫部门必须及时掌握其发病情况，及时采取对策，因此人们发现后应按规定时间及时向当地防疫部门报告，这些传染病被称为法定传染病。中国目前的法定传染病有甲、乙、丙 3 类，共 39 种。

伟大的基因工程

转基因农作物

　　转基因农作物是利用组织培养技术和基因重组技术引入其他生物或物种的基因而培育出来的，这种农作物也叫作基因改性农作物或基因重组农作物。目前，世界种植的主要转基因农作物有4种，即玉米、棉花、大豆和油菜籽；其他转基因农作物包括烟草、番木瓜、土豆、番茄、亚麻、向日葵、香蕉和瓜菜类。

　　现有的转基因农作物可分为4个种类：一是可抵御害虫侵害的农作物；二是抗除草剂农作物；三是抗病毒农作物；四是营养增强型农作物，其特定营养组分和维生素含量更高。

　　然而，转基因农作物仍然有其局限性，表现在：①基因转移对生态环境的潜在影响；②抗病毒和抗害虫农作物的负面影响；③植入基因对人类和动物健康的负面影响。所以，转基因农作物的利用推广目前还受到许多国家的抵制，只有少数国家在开发转基因农作物。

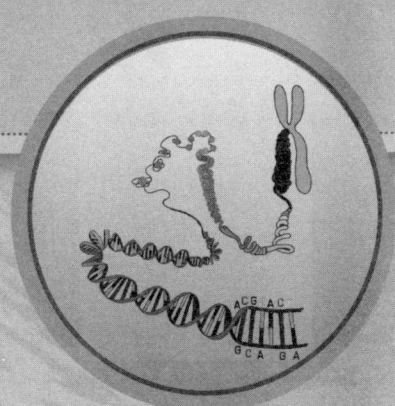

概 述

转基因农作物，是拥有来自其他物种基因的农作物。该基因变化过程可以是不同物种之间的杂交，但今天该名词更多的特指那些在实验室里通过重组 DNA 技术人工插入其他物种基因所创造出的拥有新特性的农作物。

转基因农作物的研究主要在于改进农作物的品质，改变生长周期或花期等提高其经济价值或观赏价值；研究将转基因农作物作为某些蛋白质和次生代谢产物的生物反应器，进行大规模生产；研究基因在农作物个体发育中，以及正常生理代谢过程中的功能。

以农作物作为生物技术的实验材料有其特定的优点，那就是农作物细胞大部分都有全能性，可以用单个细胞分化发育出整个植株。这样，经过基因工程改造的单个农作物细胞有可能再生成一棵完整的转基因植株。这些植株还可通过有性生殖过程把改变了的性状遗传给下一代。

农作物基因工程用作外源基因的转化受体有许多种，包括胚性愈伤组织、分生细胞、幼胚、成熟胚、受精胚珠、种子和原生质体等。从这些受体细胞都可获得再生的转基因植株。

农作物转基因技术是指把从动物、农作物或微生物中分离到的目的基因，通过各种方法转移到农作物的基因组中，使之稳定遗传并赋予农作物新的农艺性状，如抗虫、抗病、抗逆、高产、优质等。随着

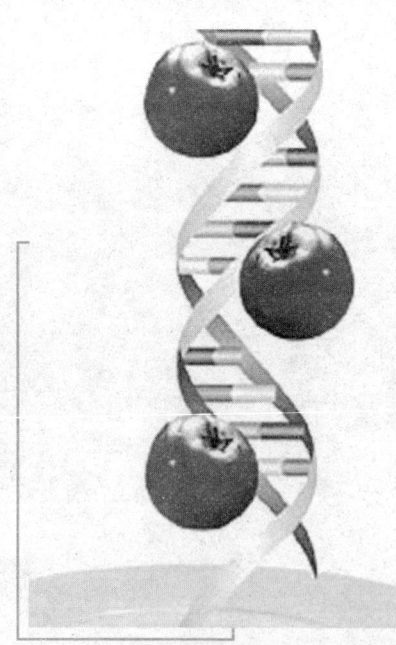

转基因农作物

转基因农作物　　SEARCH

现代生物技术的迅速发展，农作物转基因技术方兴未艾。1983年，人类首次获得转基因农作物，1986年首批转基因农作物被批准进入田间试验，至今国际上已有很多国家批准转基因农作物进入田间试验。

基本小知识

微　生　物

微生物是指一切肉眼看不到或看不清楚，需要借助显微镜观察的微小生物。微生物包括原核微生物、真核微生物和无细胞生物三类。微生物不但体积微小，而且在结构上亦相当简单。微生物的生长与繁殖十分迅速，而且适应性强，从寒冷的冰川到极酷热的温泉，从极高的山顶到极深的海底，微生物都能够生存。

杂交水稻

人们称杂交水稻是"东方魔稻"，它的另一个称号是"中国魔稻"。袁隆平的成果被认为是解决21世纪世界性饥饿问题的法宝。国际上甚至把杂交稻当作中国继四大发明之后的第五大发明，誉为"第二次绿色革命"。

杂交水稻是通过不同稻种相互杂交产生的，而水稻是自花授粉作物，对配制杂交种子十分不利。要进行两个不同稻种杂交，先要把一个品种的雄蕊进行人工去雄或杀死，然后将另一品种的雄蕊花粉授给去雄的品种，这样才不会出现去雄品种自花授粉的假杂交水稻。可是，如果我们用人工方法在数以万计的水稻花朵上进行去雄授粉的话，工作量极大，而且这实际上并不可能解决生产的大量用种。因此，科学家研究培育出一种水稻做母本，这种母本有特殊的个性，它的雄蕊瘦小退化，花药干瘪畸形，靠自己的花粉不能受精结籽。为了不使母本断绝后代，要给它找两个"对象"，这两个"对象"的特点各不相同：第一个"对象"外表极像母本，但有健全的花粉和发达的

伟大的基因工程

柱头，用它的花粉授给母本后，生产出来的是"女儿"，并且长得和母亲一模一样，也是雄蕊瘦小退化，花药干瘪畸形，没有生育能力；另一个"对象"外表与母本截然不同，一般要比母本高大，有健全的花粉和发达的柱头，用它的花粉授给母本后，生产出来的是"儿子"，长得比父母亲都要健壮，这就是我们需要的杂交水稻。母本和它的两个"对象"，人们根据它们各自不同的特点，分别起了三个名字：母本叫作不育系，两个"对象"，一个叫作保持系，另一个叫作恢复系，简称为"三系"。有了"三系"配套，我们就知道在

"杂交水稻之父"——袁隆平

生产上是怎样配制杂交水稻的了：生产上要种一块繁殖田和一块制种田，繁殖田种植不育系和保持系，当它们都开花的时候，保持系花粉借助风力传送给不育系，不育系得到正常花粉产生的后代仍然是不育系，达到繁殖不育系的目的。我们可以将繁殖来的不育系种子，保留一部分来年继续繁殖，另一部分则用来和恢复系结合培育种子，当制种田的不育系和恢复系都开花的时候，恢复系的花粉传送给不育系，不育系产生的后代，就是用来供人们大面积种植的杂交稻种。由于保持系和恢复系本身的雌雄蕊都正常，各自进行自花授粉，所以各自结出的种子仍然是保持系和恢复系的后代。

杂交水稻

由于生物科技和基因工程技术的不断快速发展，科学家在1998年开始水稻基因组的分析与整理，并成立研究小组，该研究被称为国际水稻基因组定序计划。该计划主要希望能解读水稻12条染色体中的基因密码，由日本主持，并有中国、韩国、英国、加拿大、美国、巴西、印度、法国加入。在2002年该研究小组宣布整个水稻的基因图谱都已被解读，并公开在基因图谱资料库中，供各国的水稻专家研究。

水稻的基因体是高等生物中基因定序最完整的，科学家辨识出的3.75万个基因中，包括了数个影响农作物产量的基因。例如改变水稻受光周期的基因等。这有助于生产高产、优质的水稻，迎接未来可能出现的粮食危机。

知识小链接

花 粉

花粉是种子植物特有的结构，相当于一个小孢子和由它发育的前期雄配子体。花粉在人工培养条件下，以植物激素诱导，可以发育成单倍体植株，经染色体加倍后，即能得到纯合的二倍体植株，用于杂交育种，可使杂交后代性状稳定并大大缩短育种周期，为植物育种提供新的途径。由于花粉内富含多种营养成分和生理活性物质，近年来，已有多种含花粉成分的营养食品和化妆品问世。花粉中的每一粒，称为花粉粒。花粉粒具两层壁：外壁较厚，含大量孢粉素和角质，壁上有数个萌发孔，表面有突起和花纹；内壁较薄，主要由果胶质和纤维素所组成。不同植物花粉粒的形状、大小、颜色、外壁上的花纹和萌发孔等都不一样。

太空椒

太空椒果实成灯笼形，果长10～12厘米，横径8～10厘米，植株生长旺盛，平均株高90厘米，平均单果重300～400克，最大单果重500克以上，商

伟大的基因工程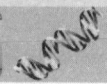

太空椒

品性好,每平方米产量可达 7 千克以上。

太空椒用的是曾经遨游过太空的青椒种子培育而成,与普通青椒比,太空椒的果实个大、肉厚、口感好,维生素 C 的含量高,在大面积种植中产量比普通青椒的生产量高 25%～30%。

据专家介绍,经历过太空遨游的青椒种子,大多数都发生了遗传性基因突变,返回地面种植后,不仅植株明显增高增粗、果型增大,产量也比原来普遍增长了 20% 以上,而且品质大为提高,作物肌体也更加强健,对病虫害的抗逆性比较强。此外,太空椒籽少肉厚,除了产量增长以外,维生素 C 和可溶性固形物、铜铁等微量元素含量都比原来高出 7%～20%,吃起来是清香润滑、又鲜又嫩,营养丰富。

我们知道,宇宙空间的物理环境与地面有很大差异,比如辐射强烈、地心引力弱等。如果把农作物的种子带到太空,种子就会直接受到来自宇宙空间的各种辐射。在太空中,由于种子受到的地心引力大大减弱,以及空间辐射等多种空间环境因素的影响,种子内的遗传物质很容易发生改变。因此,人们可以利用返回式卫星(或宇宙飞船、航天飞机)和高空气球,把农作物的种子带到太空,使种子产生变

拓展阅读

维生素

维生素是一系列有机化合物的统称。它们是生物体所需要的微量营养成分,而一般又无法由生物体自己生产,需要通过饮食等手段获得。维生素不能像糖类、蛋白质及脂肪那样可以产生能量,组成细胞,但是它们对生物体的新陈代谢起调节作用。人体缺乏维生素会导致严重的健康问题;适量摄取维生素可以保持身体强壮健康;过量摄取维生素却会导致中毒。

转基因农作物 🔍 SEARCH

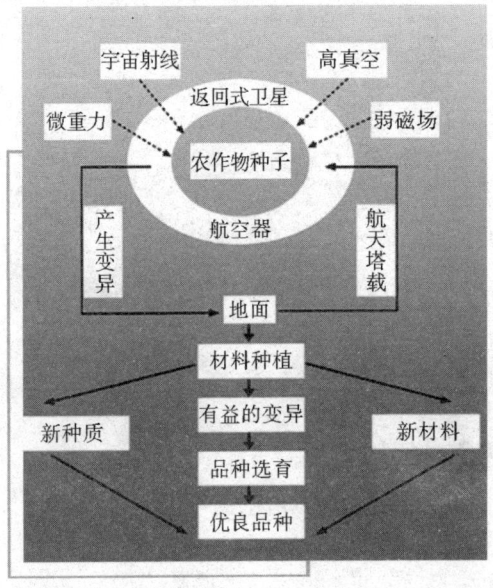

航天育种程序图

异,然后在地面种植,从中选育新品种,这被称作航天育种。

利用卫星研究植物生长发育和遗传变异的工作,从20世纪60年代初期就已经开始了,美国和前苏联曾多次利用卫星搭载农作物种子,研究植物在空间条件下的生长发育规律和生理、遗传特性的变化,用以改善人类在空间生存的小环境,开发空间植物。自从1987年以来,我国科学工作者利用返回式卫星和高空气球搭载农作物种子,使种子在空间条件下发生变异,从而进行农作物遗传性状的改良。我国在航天育种领域里,取得了令人鼓舞的可喜成果,培育出了"卫星87-2"青椒(俗称太空椒)、"航育1号"水稻、"豫麦13"小麦等高产、优质、抗病性强的农作物新品系,获得了良好的社会、经济效益。

农作物航天育种研究虽然还处在起步阶段,但是这种育种方法可以大大提高农作物的突变率,有利于加速育种进程和改进农作物品质,而且还有

拓展阅读

微量元素

微量元素指占生物体总质量0.01%以下,且为生物体所必需的一些元素。如铁、硅、锌、铜、碘、溴、锡、锰等。微量元素为植物体必需但需求量很少的一些元素。这些元素在土壤中缺少或不能被植物利用时,植物会生长不良,过多又容易引起中毒。在农业中,常以微量元素作种子处理、根外追肥来提高农作物产量。微量元素占人体总质量的0.03%左右。这些微量元素在人体内的含量虽小,但在生命活动过程中的作用是十分重要的。

可能获得在地面育种中难以得到的、对产量有突破性影响的罕见突变，因而这是一个具有诱人前景的农作物育种新途径。我国作为目前世界上少数能发射返回式卫星的国家之一，在农作物航天育种方面已经进入世界先进行列。

航天育种基地

棉花不长虫了！

棉铃虫

20世纪末，在国家"863计划"的支持下，中国农业科学院生物技术研究所成功地人工合成和改造了植物抗虫害的Bt基因（苏云金芽胞杆菌基因），获得了高抗棉铃虫的转基因棉花品种和品系。此外，中国农业科学院棉花所、南京农业大学和山西省农科院棉花所等单位还以转基因抗虫棉为亲本，培育了一批抗虫能力在80%以上，单产比一般棉花品种高15%以上的转基因抗虫杂交棉组合。拥有我国自主知识产权的抗虫棉花的育成和大面积推广应用，标志着我国转基因植物研究开始进入产业化发展阶段。

转基因抗虫棉

2001年，我国转基因抗虫棉在已经取得重大成绩的基础上又有新的突破。中国农业科学院生物技术研究所的抗虫棉基因专利"编码杀虫蛋白质融合基因和表达载体及其应用"获得国家知识产权局和世界知识产权组织授予的中国专利金奖。同时，双价转基因抗虫棉SGK321也顺利通过河北省品种审定委员会审定，这标志着我国在双价转基因抗虫棉研究领域处于国际领先地位。目前，SGK321已经通过了农业转基因生物安全性评价，并获准在晋、冀、鲁、豫、皖进行商品化生产，在湖北进行环境释放。综合试种植结果，SGK321早熟性明显优于其他品种，霜前皮棉产量大。该品种纤维品质好，长度为29.2毫米，强度高，马克隆值4.8，抗虫性突出。

> **趣味点击　棉铃虫**
>
> 棉铃虫，夜蛾科昆虫的一种，是棉花蕾铃期的大害虫。棉铃虫广泛分布在中国及世界各地，中国棉区和蔬菜种植区均有发生，黄河流域棉区、长江流域棉区受害较重，近年来，新疆棉区也时有发生。棉铃虫寄主植物有20多科200余种。棉铃虫是棉花蕾铃期重要钻蛀性害虫，它主要蛀蚀蕾、花、铃，也取食嫩叶。

能抗癌的番茄

番茄富含维生素A、维生素C、维生素B_1、维生素B_2以及胡萝卜素和钙、磷、钾、镁、铁、锌、铜、碘等多种元素，还含有蛋白质、糖类、有机酸、纤维素。近年来，营养专家研究发现，番茄还具有新的保健功效和防治多种疾病的药用价值。在英国、意大利等国，科学家培育出一种转基因紫色番茄，或许具备抗击癌症和一些心血管疾病的功效。约翰英尼斯中心教授马丁带领研究小组开展了这项研究，根据先前研究的证实，花青素可以明显减缓结肠癌症细胞生长，同时具有抵抗心血管疾病的功效。研究人员利用金鱼

伟大的基因工程

草花青素含量高的特性，将这种植物的两种基因转移至普通番茄，培育出一种外观呈紫色的番茄。这种番茄的果皮和果实中花青素含量都比较高。番茄本身含有抗氧化物质，如茄红素和类黄酮等。研究小组认为，食用这种富含抗癌成分花青素的转基因紫色番茄，对降低罹患癌症等疾病的几率大有益处。

为验证这种"紫色番茄"的抗癌功效，研究人员已在老鼠身上进行试验。研究人员利用转基因技术，让两组老鼠患上癌症。他们给其中一组老鼠喂食"紫色番茄"，给另一组喂食普通红色番茄。结果发现，食用这种"紫色番茄"的老鼠平均存活182天，食用普通番茄的老鼠平均寿命为142天。马丁说，这项试验证明，通过改变饮食和食物中的成分，可以放缓慢性病发展、促进身体健康。英国癌症研究中心的拉拉·贝内特对这项研究持欢迎态度。按照她的说法，合理利用基因技术，可以使食品更有益于身体健康。现阶段，研究小组致力于研究如何提高普通蔬菜、水果

拓展阅读

碘

碘是一种卤族化学元素，它的化学符号是I，原子序数是53。1811年，一位法国药剂师首次发现碘单质。碘单质呈紫黑色晶体，易升华，有毒性和腐蚀性。碘单质遇淀粉会变蓝色，主要用于制造药物、染料、碘酒、试纸和碘化合物等。碘是人体必需的微量元素之一，健康成人体内的碘的总量约为30毫克，国家规定在食盐中添加碘的标准为20～30毫克/千克。

基本小知识

胡萝卜素

胡萝卜素是一种橙色的光合色素，在光合作用中扮演传递能量的角色，这种色素使许多蔬菜和水果带有橙色。胡萝卜素被摄入人体消化器官后，可以转化成维生素A，维持眼睛和皮肤的健康，改善夜盲症、皮肤粗糙的状况，有助于身体免受自由基的伤害。胡萝卜素不宜与醋等酸性物质同时服用。

中有益人体物质的含量。马丁认为，如果使人们日常食用的水果和蔬菜中的较高生物活性物质增多，人们可以获得更多营养。

改变基因的食物

我们在前面的章节讲过，基因是与生俱来的，是父辈传给子代的遗传物质，那么基因怎么会改变呢？其实在女性怀孕期间注意某些物质的摄取量，会对腹中胎儿的生长发育产生意想不到的微妙作用。

如果父母头发早白或者略见枯黄、脱落，那么孕育期间可以多吃一些B族维生素的食物。如，瘦肉、鱼、动物肝脏、牛奶、面包、豆类、鸡蛋、紫菜、核桃、芝麻和玉米等，这些食物可以使孩子的发质得到改善，不仅浓密、乌黑，而且光泽油亮。

要是父母的个头都不高，那么就要在怀孕期间多吃富含维生素D的食物。维生素D可以促进骨骼发育，促使人体增高，这种效果对于胎儿、婴儿最为明显。这类食物有虾皮、蛋黄、动物肝脏以及蔬菜等。

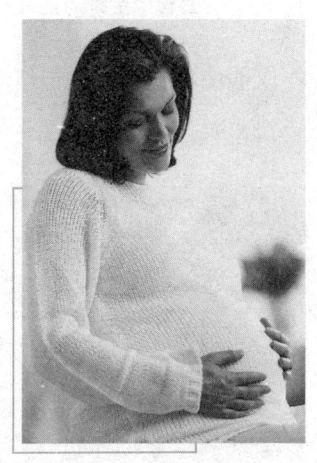

孕妇

知识小链接

苹 果 酸

苹果酸，又名2－羟基丁二酸，由于分子中有一个不对称碳原子，因此有两种立体异构体。大自然中，苹果酸以三种形式存在，即D－苹果酸、L－苹果酸和其混合物DL－苹果酸。苹果酸呈白色结晶体或结晶状粉末，有较强的吸湿性，易溶于水、乙醇，有特殊的酸味。苹果酸主要用于食品和医药行业。

伟大的基因工程

富含维生素的食物

父母肤色偏黑，孕妇就要多吃富含维生素C的食物。因为维生素C对皮肤黑色素的生成有干扰作用，从而可以减少黑色素的沉淀，日后生下的婴儿皮肤会变得白嫩细腻。富含维生素C的食物有番茄、葡萄、柑橘、冬瓜、洋葱、大蒜、苹果、刺梨、鲜枣等蔬菜和水果，其中尤以苹果为最佳。苹果富含维生素和苹果酸，常吃能增加血色素，不仅能使皮肤变得细白红润，更对贫血的妇女有极好的补益功效，是孕妇的首选水果。

基本小知识

贫 血

贫血是指全身循环血液中红细胞总量减少至正常值以下。但由于全身循环血液中红细胞总量的测定技术比较复杂，所以临床上一般指外周血中血红蛋白的浓度低于患者同年龄组、同性别和同地区的正常标准。沿海和平原地区，成年男子的血红蛋白如低于12.5克/分升，成年女子的血红蛋白低于11克/分升，可以认为有贫血。12岁以下儿童比成年男子的血红蛋白正常值低15%左右，男孩和女孩无明显差别。高海拔地区居民的血红蛋白值一般要高些。

女人怀孕时可多食用富含维生素A的食物，因为维生素A能保护皮肤上皮细胞，使日后孩子的皮肤细腻有光泽。很多食物都富含维生素A，如动物的肝脏、蛋黄、牛奶、胡萝卜、番茄以及绿色蔬菜、水果、干果和植物油等。

我国的南京大学正在研究食物对于人类基因的改变。南京大学的研究人员发现蔬菜里的微型核糖核酸在食入后会进入体内循环的血液，而且一旦进入我们体内，就能改变我们的基因表达。微型核糖核酸的作用只是在最近十年左右才得以认识，但微型核糖核酸目前被认为参与了植物和动物大量的机理过程。南京大学的研究人员在开展这项研究时还发现，植物的微型核糖核酸序列存在于吃这些植物的动物组织中。其中有一种被称为 MIR168a 的微型 RNA 是由稻谷产生的，在被研究的中国人血液中大量存在。实验中，MIR168a 显现出具有影响老鼠基因表达的能力，并抑制肝脏滤出低密度脂蛋白的能力，这种脂蛋白素有"坏胆固醇"的称号。这项研究结果揭示出一种全新的生理相互作用机制，将具有重要的医学应用前景，可用于医学治疗仪及解读疑难杂症的机理。微型核糖核酸还可用于作物的转基因工程，作为干扰核糖核酸的一种方法。

基本小知识

脂　蛋　白

脂蛋白是脂质与蛋白质结合在一起形成的脂质－蛋白质复合物。

脂蛋白中脂质与蛋白质之间没有共价键结合，多数是通过脂质的非极性部分与蛋白质组分之间以疏水性相互作用而结合在一起。科学家通常用溶解特性、离心沉降行为和化学组成来鉴定脂蛋白的特性。脂蛋白分为可溶性脂蛋白和不溶性脂蛋白。可溶性脂蛋白在动物体内脂质的运输方面起重要作用，脂蛋白中的脂质还能与细胞膜的组分相互交换，参与细胞脂质代谢的调节；不溶性脂蛋白是各种生物膜（如细胞膜、细胞器膜）的主要组成成分。

加拿大的科学家通过研究发现仅仅吃几片药，或服用某种食物补充品，就有可能永远改变人类的行为或使诸如精神分裂症、癌症等疾病发生逆转。在最新的一项研究中，科学家发现，只要给普通老鼠注射进某种氨基酸，它们的行为就会出现改变，而且这种改变是永久的。加拿大麦吉尔大学莫什·斯吉夫的研究小组向老鼠大脑中注射了一种常见氨基酸和食物补充品——L－蛋氨酸。这种氨基酸使糖皮质激素基因发生甲基化，老鼠的行为从而发生改变。科学家目前尚不清楚这种干预是否适用于人类，但他们有充分理由相信这一点，因为有证据显示多种营养品可能具有这种影响。

伟大的基因工程

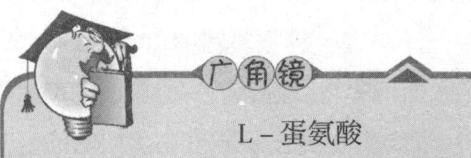

L-蛋氨酸

L-蛋氨酸是一种无色或白色有光泽片状结晶或白色结晶性粉末。L-蛋氨酸稍带特殊气味，味微苦，对强酸不稳定，溶于水、温热的稀乙醇、碱性溶液和稀无机酸。L-蛋氨酸是人体必需而又不能自身合成的八种氨基酸之一，被广泛用于医药的大容量注射剂、口服液、饮料、食品、生化试剂及日常生活等各个领域。

加拿大阿尔伯达大学自然科学院的大卫·皮尔格林博士也认为人类的本性和基因也有可能因食物营养和环境的变化而发生改变。他通过对线虫的研究来论证自己的观点。与人类一样，雌性线虫具有XX染色体，而雄性线虫只有单个X染色体。大卫·皮尔格林博士指出，线虫的雌雄性别比例会根据它们所感知的食物量情况而发生变化。在雌性幼虫因为太小还没有显现出性别特征的时候，它们会判断食物的数量，看能不能满足它们成长起来的需求。如果它们认为有足够的食物使自己成长起来达到性别成熟，那么大量具有XX染色体的幼虫将会放弃一条X染色体，长成雄性线虫。如果它们认为食物可能紧缺，它们就会保留XX染色体，长成雌性线虫。当雌性线虫（事实上是雌雄同体线虫）没有找到雄性线虫进行交配时，它可以自己产生精子和卵子，然后自行完成受精过程，只不过它的后代都是带XX染色体的幼线虫。如果线

知识小链接

线 虫

线虫是袋形动物门线虫纲所有蠕虫的通称，系动物界中数量最多者之一，寄生于动、植物，或自由生活于土壤、淡水和海水环境中，甚至在醋和啤酒中也可见到。线虫通常呈乳白、淡黄或棕红色。线虫的大小差别很大，小的不足1毫米，大的长达8米。线虫因以细菌为食物，所以在实验室中极易培养；又因为全身透明，研究时不需染色，即可在显微镜下看到线虫体内的器官如肠道、生殖腺等。

虫的密度高，而且有足够的食物，那么雌性线虫转变成为雄性线虫是有好处的，因为雄性线虫数量较少，寻找潜在的雌性伴侣的机会较大。如果线虫的密度小，雌性线虫便安于雌性现状，因为如果它没有找到其他雄性线虫进行交配，那它至少仍然可以自己受精繁殖。大卫·皮尔格林博士认为，这项研究可以帮助人们认识：动物是如何适应变化着的环境，食物也可以改变人类的基因。

转基因食品

遗传工程在农业上的应用能减少农作物生产中杀虫剂和水的使用，使粮食更有利于人的健康。首先上市的是小宗商品，像超级市场保鲜番茄和干酪生产中使用的一种细菌生产的酶。这种酶以前不得不从牛的胃中提取，而现在利用转基因技术即可获得。随后，转基因技术开始进入玉米、大豆和棉花等农作物的日常耕作。

趣味点击　草甘膦

草甘膦是一种有机磷除草剂，纯品为非挥发性白色固体，比重为0.5，在230℃左右熔化，并伴随分解，25℃时在水中的溶解度为1.2%，不溶于一般有机溶剂。草甘膦的除草性能优异，极易被植物叶片吸收并传导至植物全身，对一年生及多年生杂草的地下组织破坏力极强，能达到一般农业机械除草所无法到达的深度，在农、林、牧、园艺方面应用广泛。

1996年春，美国伊利诺伊州西部许多农场主种植了一种大豆新品种，这种大豆移植了矮牵牛的一种基因。这个新大豆品种可以抵抗杀草剂——草甘膦，草甘膦会把普通大豆植株与杂草一起杀死。

当然转基因食品存在着许多安全隐患。

首先是毒性问题。一些研究学者认为，对于基因的人工提炼和添加，可

伟大的基因工程

转基因大豆

能在达到某些人们想达到的效果的同时，也增加和积聚了食物中原有的微量毒素。

其次是过敏反应问题。对于食物过敏的人而言，转基因技术会扩大他的过敏范围，比如：科学家将玉米的某一段基因加入到核桃、小麦和贝类动物的基因中，蛋白质也随基因加了进去，那么，以前吃玉米过敏的人就可能对这些核桃、小麦和贝类食品过敏。

第三是营养问题。科学家们认为外来基因会以一种人们目前还不甚了解的方式破坏食物中的营养成分。

第四是对抗生素的抵抗作用。当科学家把一个外来基因加入到植物或细菌中去，这个基因会与别的基因连接在一起。人们在服用了这种改良食物后，食物会在人体内将抗药性基因传给致病的细菌，使人体产生抗药性，导致抗生素失去作用。

第五是对环境的威胁。在许多基因改良品种中包含有从杆菌中提取出来的细菌基因，这种基因会产生一种对昆虫和害虫有毒的蛋白质。在一次实验室研究中，一种蝴蝶的幼虫在吃了含杆菌基因的马利筋属植物的花粉之后，产生了死亡或不正常发育的现象，这引起了生态学家们的另一种担心，其他物种有可能成为改良物种的受害者。

最后，生物学家们担心为了增加优良特性，比如抗病虫害能力和抗旱能力等，而对农作物进行改良，其特性很可能会通过花粉等媒介传播给野生物种。

多彩的玉米

转基因玉米，是把种属关系十分遥远，但有用的植物基因（如马铃薯基因）导入需要改良的玉米遗传物质中，并使其后代体现出人们所追求的具有稳定的遗传性状的玉米。

　　这种彩色玉米，是一年生直立草本，叶两列，长 9 厘米，雌雄异花同株，植株高 100～150 厘米。

　　彩色玉米春季 4 月于露地直接播种或育苗，播种深度约 1.5 厘米，长出 4 片叶子后可分苗，苗高 10～12 厘米进行移盆，生长期间适当施肥。彩色玉米喜欢阳光充足的温暖环境，栽培方法和普通玉米一样。

彩色玉米

　　彩色玉米作为一项新兴的种植业，近年来正在我国大江南北悄然兴起。由于彩色玉米营养成分比普通玉米高，加之种植方法简单，又易于加工，经济效益是普通玉米的几倍甚至十几倍，因此，彩色玉米的种植与加工，被专家誉为中国未来具有广阔开发利用前景的农业项目之一。

知识小链接

种 植 业

　　种植业是通过人工培育以取得粮食、副食品、饲料和工业原料的社会生产部门。它包括各种农作物、林木、果树、药用和观赏等植物的栽培。种植业是农业的主要组成部分，其特点是：以土地为基本生产资料，利用农作物的生物机能将太阳能转化为化学潜能和农产品。就其本质来说，种植业是以土地为重要生产资料，利用绿色植物，通过光合作用把自然界中的二氧化碳、水和矿物质合成有机物质，同时把太阳能转化为化学能贮藏在有机物质中。它是一切以植物产品为食品的物质来源，也是人类生命活动的物质基础。中国种植业历史悠久，中国农业中种植业的比重较大，其产值一般占农业总产值的 50% 以上，它的稳定发展，特别是其中粮食作物生产的发展对畜牧业、工业的发展和人民生活水平的提高均有重要意义。

目前彩色玉米主要有以下品种：

1. 印度红玫瑰爆裂玉米。该品种采用系统杂交方法选育而成，株高 160

伟大的基因工程

厘米,穗长15厘米左右,籽粒红色,光彩鲜丽,穗形整齐美观,品质一流,爆花率极高,产量大。

2. 巴西五彩黏玉米。该品种又叫"变色玉米",是经选育而成的新型黏玉米。这种玉米的最大特点是自然分色,种时种子为黑红色,待青玉米成熟后即变成黑、白、黄等颜色相间的美丽多彩的玉米,让人既惊奇又喜爱,食用香黏可口,风味独特,栽培85天左右即可上市,效益十分可观。

3. 泰国花仙子黏玉米。该品种是从泰国引入的集色、香、味、营养于一身的新型特种玉米,全生育期105天,玉米颜色红黄相间,整齐有序,既有艺术观赏价值,又有食用价值,俗称"八里香"(指在远的地方就能闻到烤食玉米的芳香味),市场反应好,既可鲜食,又可速冻保鲜和加工,推广价值极大。

4. 韩国紫金香黑玉米。这是从韩国引入的晚熟多穗型玉米单交种,全生育期130天左右,盖膜可提前,单株结穗2~3个,穗长10~15厘米。紫金香黑玉米不仅色泽独特,且营养丰富,集黏、甜、香于一身,可鲜食,也可速冻加工,效益极其明显,是个难得的晚熟黑玉米品种。

5. 日本白如雪甜糯玉米。该品种是从日本引入经选育而成的一代杂交种,是目前国内公认的综合性状表现最为优秀的白色甜糯玉米品种。这种玉米生育期120天,鲜食100天左右,95%以上可结有双穗,穗大小均一致,长22~25厘米,质地雪白甜黏香嫩,皮薄少渣,宜于鲜食和加工。由于该品种双穗率高,效益好,是市场价值极高的新型特种玉米品种。

拓展阅读

遗传物质

遗传物质即亲代与子代之间传递遗传信息的物质。除一部分病毒的遗传物质是RNA外,其余的病毒以及全部具典型细胞结构的生物的遗传物质都是DNA。这种物质是染色体的主要成分。它还存在于细胞核外的质体、线粒体等细胞器中。

伟大的基因工程

动物与人类的亲密接触

自从达尔文创立生物进化论后,多数人相信人类是生物进化的产物,现代人和类人猿有着共同的祖先。但人类这一支系是何时、何地从共同祖先这一总干上分离开来的?什么是它分离开的标志?这一系列问题到现在都没有完全的解开。

自从遗传现象被发现以来,人们通过基因技术,不断地探索人类自身的起源以及地球上其他生物的奥秘。为此,各国的科学家花费了大量的心血。科学家利用基因手段实现了许多生物领域的突破,克隆出了品质优良的家禽,造福人类。

然而,基因也有其不利的一面,当人类为自己在基因工程取得的成绩沾沾自喜时,基因所引发的负面效应接踵而至,疯牛病、口蹄疫以及各种奇怪的病症开始侵袭人类。同时,人类对环境的改变也对动物基因产生了影响,使得某些动物面临生存威胁。

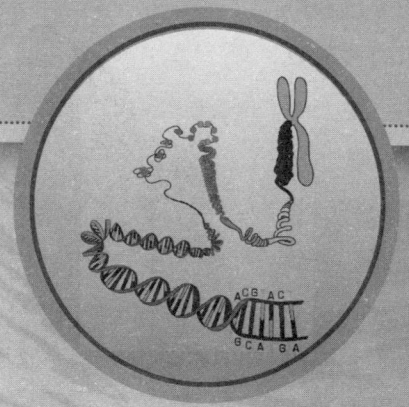

猿是人类的祖先

人类的祖先是猿。猿类是从渐新世开始出现的，距今大约已有3千万年了。可是，并不是所有的猿都是人类的直系祖先，有些猿是人类的"伯父"，有些猿是人类的"叔父"。被人类学家认为是人类祖先的猿是很晚才出现的。那就是用印度古代史诗中的一个英雄王子的名字命名的拉玛猿。它们生活在距今1500万~1000万年前。拉玛猿首先是在印度、巴基斯坦的西瓦利克山发现的。20世纪60年代后期，在匈牙利的早新世煤层中所发现的鲁达古猿，也属于拉玛猿。尤其是1976年在我国云南禄丰县石灰坝煤窑中发现的一个相当完整的拉玛猿类型的下颌骨化石，被称为禄丰古猿，是世界上已发现的同类标本中最完整、最接近于人类早期祖先的，时间距今也是在1000多万年以前。专家据发掘的实物估计，禄丰古猿身体有黑猩猩那样大小，吻部短缩，犬齿不发达，缺乏一般猿类常用的"武器"。然而，它们具有比其他动物略高一等的智力，加上经常在开阔的地面上活动，促使它们进一步手足分工。因此，有人认为禄丰古猿能用手抓握树枝或别的自然物进行防御和取食。既然禄丰古猿的手已经分化出来，那么两条腿也应该能直立了。

类人猿，是灵长类动物，猩猩科和长臂猿科动物的总称，也叫作猿类，包括大猩猩、黑猩猩、猩猩和长臂猿等，因其形态结构和生理功能与人相似，亲缘关系与人最为接近，故称类人

人类进化

猿。类人猿是灵长类中除了人以外最为高等的动物，其具有复杂的大脑、牙齿的数目与结构、眼的位置、外耳的形状、盲肠蚓突、胸廓、血型、怀孕期7~9个月、寿命可达几十年等，均与人相近。而且，类人猿无尾、无颊囊和臀疣（长臂猿例外），其中，黑猩猩与人类99%的基因是相同的。

到底是哪些基因让人类在与黑猩猩"分家"之后，变得如此独特？科学家正在寻找那些让我们有别于其他灵长类物种的遗传差异。经过不断努力，科学家完成了人类与黑猩猩的基因比较，获得了有关人类大脑在过去几百万年间发生重大变化的重要发现。

科学家称，一旦大猩猩和其他几个灵长类动物的基因排序完成，那么就可以解释是什么造就了我们人类。

科学家没等黑猩猩基因图出来就开始探测人类与猿之间的根本区别。当古生物学家收集越来越多的化石时，就开始从解剖学方面来寻找区别，结果发现了人类进化的家谱图，并知道了在我们大脑进化前的数百万年前，我们就已经直立行走了。

直到20世纪60年代，我们才从分子水平知道我们与猿之间的差别。后来，科学家就掌握了黑猩猩与人类的基因差异，并发现，一个叫"FOXP2"的突变基因，在20万年前的进化中，对人类语言能力的提升起了关键作用。2004年，美国科学家识别了"染色体7"上的一个基因上的一个微小变异，此基因与肌凝蛋白的生产有关，而这种蛋白能使肌肉收缩。现代人都有此基因，而其他灵长类动物没有这些基因。

◎ 人类与猿分道扬镳源于基因进化

《科学》杂志曾发表的一篇文章解释了基因是如何推动我们与猿分道扬镳的。美国科学家在大脑区发现了一个叫"DUF1220"的基因，此基因与大脑的高度认识能力息息相关。科学家发现，此基因的变种在许多灵长类中都有，但人类携带最多。

科学家的另一发现也描写了一个与人类发展的关键基因。美国加州大学

伟大的基因工程

的科学家用电脑来查找人类、黑猩猩和其他脊椎动物的基因变化速度,发现了49个分散区域与进化有关,他们称之为"人类加速区(HARS)"。

在此区域中,令人感兴趣的是一个进化最快的区域——HAR1,其进化速度比其他基因快约70倍。HAR1在妇女妊娠期的胎儿大脑发育中可能同语言、意识思维和感知等高级功能有关。这一过程发生在妇女妊娠后7~19周,这是一个关键时期,因为此时胎儿许多神经细胞正开始执行各自的功能。所以科学家推断,它可能在人类大脑皮层中起到了至关重要的作用。

现代人类可能是人类祖先与黑猩猩杂交的后代。

基因比较导致一个令人瞠目结舌的研究结果——人类祖先可能与黑猩猩"同居"过,并繁衍后代,继而有一支再进化成了现代人类。这是人类基因组计划的一项研究成果。

黑猩猩

据此,科学家认为,原始人类和黑猩猩、大猩猩、猩猩、短尾猴拥有同一祖先,其中,人类与黑猩猩在1000万年前进行了第一次分裂。接着,人类和黑猩猩朝不同方向进化,彼此告别了400万年后,它们又"藕断丝连"地走到了一起,并开始一起生活。新结合的结果是诞生了一些新的、兼有人类和黑猩猩特征的第三种"杂交群体"。共同生活约120万年之后,它们做了最后的告别,经过第二次分裂后,产生了三个不同的分支,一支形成了现代人类,而另一支形成了现代的黑猩猩,还有一支灭绝了。因此,新结论认为,现代人类原来是古人类与黑猩猩杂交的后代。

而且，年轻的 X 性染色体证明，人类祖先和黑猩猩祖先很可能在较长的一段时间里有过杂交。研究人员发现，人类和黑猩猩之间的不同基因在很长一段时间内一直出现过分岔。从年代来看，两者的 X 性染色体都非常"年轻"，比其他染色体的平均年龄小 120 万年左右。这是因为人类和黑猩猩杂交后导致 X 性染色体的选择范围更多，经过基因重组后，它们的 X 性染色体就比其他染色体年轻。这表明人类和黑猩猩拥有共同的祖先，到距今比较近的时候才彼此分裂。

黑猩猩和人的基因仅有 1% 的差别，基因破译工作将最终揭开人类形成之谜。

德国和美国科学家利用破译人类基因组的技术，对穴居人 30 多亿对 DNA 链进行破译和排序，以寻找人类与穴居人是否曾有相互交配的证据。如果二者曾相互交配，那么在其后代身上又发生了什么。研究人员相信，如果破译出穴居人所有的遗传密码，不仅能找到他们在人类进化史上扮演什么样的角色；能了解作为人

广角镜

短尾猴

短尾猴是南亚和东南亚地区的特有灵长类。短尾猴喜欢栖息于亚热带常绿阔叶林中。它们主要生活在树上，也常集群在地面活动。短尾猴体型比猕猴大，体长 50～56 厘米。成年短尾猴面部呈鲜红色，老年呈紫红色，幼体呈肉红色。短尾猴耳较小，尾短且光秃无毛。短尾猴食性较杂，既取食野果、树叶、竹笋，也捕食蟹、蛙等小动物。

类的近亲，他们是否与人类"通婚"，如果有，他们的后代怎样了？还能寻找穴居人与人类的不同，可以为预防人类疾病提供线索。

科学家们希望通过对比黑猩猩、人类和穴居人的 DNA 发现是什么样的基因造就了我们人类。通过基因的对比分析工作，黑猩猩和人的基因仅有 1% 的差别，而在这 1% 里，穴居人和人类有 96% 是相同的，另外的 4% 是和黑猩猩一样的。德国一所研究院的专家说："对这些不同和相同的对比，科学家们希望找到人类进化的明显特征，甚至希望找到人类的认知能力如何形成的。"

伟大的基因工程

基本小知识

灵长类动物

灵长类动物是哺乳纲的1个目，是目前动物界最高等的类群。灵长类动物大脑发达；眼眶朝向前方，眶间距窄；手和脚的趾（指）分开，大拇指灵活，多数能与其他趾（指）对握。灵长类动物包括原猴亚目和猿猴亚目，主要分布于世界上的温暖地区。灵长类动物中体型最大的是大猩猩，体重可达275千克，最小的是倭狨，体重只有70克。人类属于灵长类动物。

可爱的小老鼠

老鼠，是一种啮齿类动物，体型有大有小；种类多，有450多种；数量大，繁殖速度很快；生命力很强，几乎什么都吃，在什么地方都能住。老鼠会打洞、上树、会爬山、涉水，而且糟蹋粮食、传播疾病，对人类危害极大。然而现在老鼠也可以成为人类的朋友了。小白鼠不仅能够用来实验，还可以作为宠物来饲养。

美国科学家还成功破译了老鼠基因组序列，老鼠体内约有3万个基因，数量与人类基因接近，其中约99%的基因与人类基因相似，作为生物学和医学研究中重要的模式动物，老鼠是基因组测序浪潮中的重点研究对象之一。破译老鼠基因组工作以及绘制老鼠基因组草图是由美、英、德等国许多科研机构携手合作共同完成的。

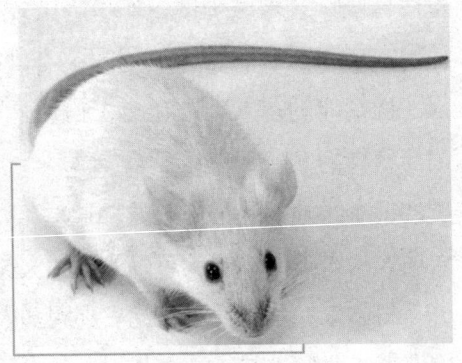

小白鼠

这份基因组草图显示，老鼠的20对染色体上共有约25亿个碱基对，与人类23对染色体上的约30亿个碱基对相当接近。两个物种的基因数目大约都是3万个，其中绝大部分相同，而且DNA链上基因与基因之间的"空白"片断也非常相似。

　　科学家称，人类与老鼠共享着80%的遗传物质和99%的基因，老鼠遗传构成与人类如此接近，通过将老鼠基因组与人类基因组进行比较，将有助于了解人类自身，有助于了解人类细胞工作过程及基因变异与疾病的关系，知晓很多关于人类疾病和生理机能的信息。比如，科学家可以通过关闭老鼠体内的某些基因，来研究可能产生的结果；也可以通过寻找老鼠体内的变异基因，发现基因与某些疾病的关系。承担1/5老鼠基因组破译任务的英国专家表示，老鼠基因组测序，再次表明了动物研究在攻克人类疾病中的重要作用。通过对老鼠的实验，人们可以开发出治疗这些疾病的新手段。

　　欧洲生物信息研究所的专家表示，人类的许多疾病，如癌症、心脏病、艾滋病及糖尿病等都可以以老鼠为对象进行研究。实际上，可用老鼠进行研究的疾病种类有上千种。但科学家同时表示，老鼠基因组测序只是基因组研究的第一步，要真正理解每个基因的功能，可能还要花费几十年的时间。

知识小链接

啮齿类动物

　　啮齿类动物是哺乳动物中种类最多的一个类群，也是分布范围最广的哺乳动物，全世界大约有2000种。啮齿类动物除了少数种类外，一般体型均较小，数量多，繁殖快，适应力强，能生活在多种多样的环境中，其中大多数种类穴居生活，从进化角度来讲，它们是现存哺乳类中最为成功的类群。啮齿类动物善于利用洞穴作为它们的隐蔽场所，以躲避天敌，保护幼仔，贮存食料，适应不良的气候条件。啮齿类动物与人类的关系极为密切，其中许多种类对粮食、仓库、建筑、运输等有害，有的种类还能传染多种疾病，危害人类生命健康，但也有不少种类对人类的生产建设、卫生防疫、资源利用、环境保护和科学研究等方面具有重要的实际和理论意义。

伟大的基因工程

目前，人类对于生命现象本质的探索正逐步加深，如研究基因结构与功能的关系，细胞核与细胞质的相互关系，胚胎发育调控以及肿瘤等，这都是需要转基因老鼠的"牺牲"的。转基因动物是指以实验方法导入外源基因，在染色体组内稳定整合并能遗传给后代的一类动物。1981年，科学家第一次成功地将外源基因导入动物胚胎，创立了转基因动物技术。1982年，科学家获得转基因小鼠。小鼠转入大鼠的生长激素基因后，体重为正常个体的2倍，因而这种转基因小鼠被称为"超级小鼠"。

在遗传学上具有重大意义的转基因动物的培育成功，展现出了诱人的光明前景。如果将外源基因导入家畜，能使家畜朝人类希望的目标靠拢，如肉质改善、个体增大、体重增加、奶量提高、脂肪减少等。例如将长瘦肉的基因导入猪细胞中，猪就成为瘦肉型；将促乳汁分泌的基因导入牛、羊细胞中，这些转基因牛、羊乳汁猛增；还有科学家将貂的长皮毛基因导入羊细胞中，培育出长出类似貂毛毛皮的羊。这些羊易养，繁殖快，且"羊貂皮"面积数倍于貂皮，将使"貂皮"时装进入寻常百姓家。

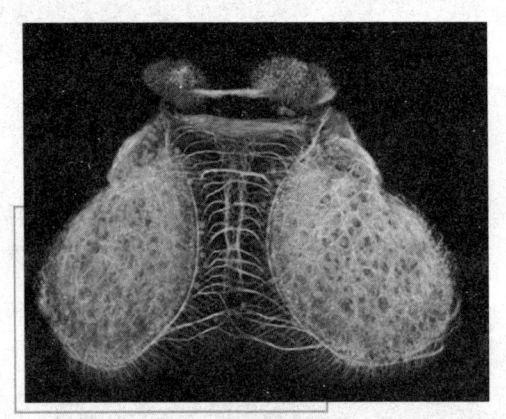

转基因老鼠的胚胎

用基因转移技术，增强动物抗病力的研究，也很鼓舞人心。导入抗病或抗寄生虫的外源基因，牛便不怕病，猪便不怕瘟……从而使畜牧业"旱涝保收"，成为"黄金"产业。

狗是人类最好的朋友

美国研究人员首次绘出了狗的基因组序列草图,并通过对草图进行初步分析发现,被视为"人类最好朋友"的狗,在基因水平上与人类的相似程度要超过人类与鼠。

马里兰州基因组学研究所和基因组学促进中心的研究人员,在美国《科学》杂志上发表了一项研究成果。研究人员在文中介绍说,他们绘出的序列草图约覆盖狗基因组的80%。初步分析显示,在已识别出的24万多个人类基因中,约有75%在狗基因组中存在对应物。

研究人员还将狗基因组草图和人类及鼠的基因组序列图进行了比较。结果

人与狗

小 狗

发现,人类、鼠和狗曾拥有共同祖先,但狗最早从进化路线上分离成独立物种。从进化角度看,人类与鼠在时间上更为接近。尽管如此,人类基因组和狗基因组之间的相似性,却比鼠和人类、鼠和狗基因组之间的相似性都要大。

狗是继人和鼠之后第三种被绘制基因组草图的哺乳动物。自距今15万~1万年前被人类驯养以

来，许多品种的狗在漫长的选择育种过程中患上很多疾病。据估计，狗身上有 360 多种遗传疾病与人类疾病相似。因此，测定狗的基因组图谱，并将其与人类基因组图谱进行比较分析，对寻找人和狗的致病基因都将有帮助。

马里兰州基因组学研究所和基因组学促进中心在绘制狗基因组草图过程中仅投入约 700 万美元。研究人员称，草图虽然粗糙，但鉴于目前已有人类基因组和鼠类基因组图谱可供比较，这使他们能够对狗基因组草图进行分析并获得有用信息。研究人员认为，利用这种方法，将来可以低成本、高效率地对更多物种进行基因组测序。

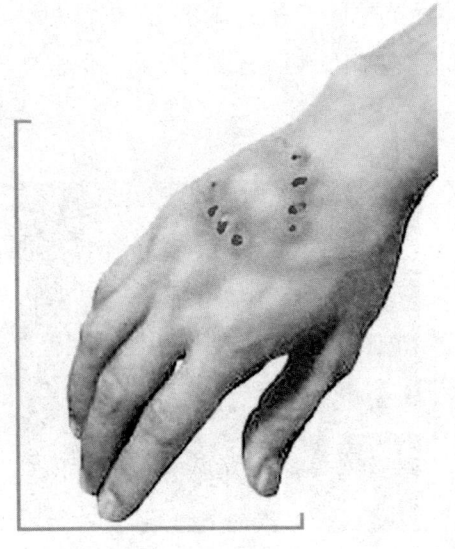

被狗咬伤

虽说"狗是人类最好的朋友"，但也别忘了，还有一句老话是"狗急了也会跳墙"。随着我国养狗和其他家养宠物数量的增多，以及缺乏对犬和猫等宠物的严格管理，加之对狂犬病防治知识的普及不够，使我国狂犬病发病率居高不下。流行病学专家调查表明，外观健康犬的带病毒率高达 5% ~ 10%，咬人可疑犬的带病毒率在 30% 以上，而野生动物的带病毒率目前尚不清楚，貌似健康而携带狂犬病病毒的动物已成为狂犬病最危险的传染源。

狂犬病患者会出现食欲不振，看见水就恐惧、狂叫、痉挛、碰到人畜或其他物体就咬、精神失常、恶心、流涎、呼吸困难等症状，最后全身瘫痪而死亡。因此被狗咬伤的人要及时就诊，在 24 小时内打狂犬疫苗。

基本小知识

狂犬病

狂犬病，俗称疯狗症，是一种人畜共通传染病，病原体为狂犬病病毒，它会导致动物的急性脑炎和周围神经炎症，没有接受疫苗免疫的感染者，当神经症状出现后几乎必然死亡，通常的死亡原因都是由于中枢神经被病毒破坏，最终死于植物神经受损导致的脏器衰竭。但是人们只要及时的接种疫苗，一般都能诱发机体产生足够的免疫力消灭病毒。

鸡的基因图谱

美国的一个研究小组经过一年工作，已首次成功测绘出鸡的基因组序列草图。这也是迄今完成的首张禽鸟类物种的基因组序列草图。科学家们选择了家鸡的远祖——红原鸡为测绘对象，绘出的草图中约包含 10 亿个碱基对。

在中科院北京基因组研究所领导下，由中国、英国、瑞典、荷兰、德国和美国科学家组成的小组，还宣布绘成了一张鸡的遗传差异图谱。这张图谱以红原鸡基因组序列草图为参考框架，分别对来自英国、瑞典和中国的肉鸡、蛋鸡和乌鸡 3 个品种的基因组进行了测序分析，并在此基础上识别出约 200 万个遗传差异，其中绝大多数为单核苷酸多态性位点。

通过比较，科学家们惊奇地发现，我们人类的基因组合和鸡的基因组合有共同之处，而且这一共同之处比人和老鼠的共

红原鸡

同之处还要明显。

这一发现之所以令人惊奇，是由于我们以前只重视用啮齿类动物（如鼠、兔等）来做实验。当我们探索人类基因的特性（如疾病的遗传）时，我们往往首先选择用鼠类来进行实验。然而，英国罗斯林学院的大卫·伯特和他的同事们进行的研究表明：在一定意义上，我们把研究对象选错了。

他们利用家鸡的基因组图与人和老鼠的基因组图的数据作了比较。结果表明：人与鸡的染色体上基因组合分布方式，比人和鼠的基因组合分布方式更接近。

比较基因组图只是比较方法中的一种，另一种比较方法是比较基因本身。如果用后一种方法比较，人类则更像鼠。

目前已证实鸡是生物学家进行神经系统发生、免疫学以及肢体发育研究的重要脊椎动物模型，也常用于研究人类基因欠缺引起的失明——色素性视网膜炎、与年龄相关的黄斑退行性改变以及发育和肥胖症。

由于鸡和鸡蛋的营养价值都是相当高的，鸡的基因组测序计划可以致力于改良鸡的健康状况，为人类提供更健康的食物，同时还可提高经济效益。此外，鸡遗传差异图谱的绘制完成在防治禽流感领域也有用途，比如从遗传差异的角度来研究不同鸡种对禽流感病毒的易感性，从而找出抗病基因，并且在禽流感防治、改善家禽和人类健康等领域都将有很大应用价值。

拓展阅读

禽流感

禽流感，全名禽类流行性感冒，是由病毒引起的动物传染病，通常只感染禽类。禽流感病毒只感染特定物种，但在罕见情况下会跨越物种感染人。

疯了的牛

牛作为家畜，除了提供奶源、肉源外，还是人类田间地头的劳动工具。然而牛一旦发起疯来也是不得了的。

1985年4月，医学家们在英国发现了一种新病，专家们对这一世界始发病例进行组织病理学检查，并于1986年11月将该病定名为疯牛病（BSE），首次在英国报刊上报道。之后，这种病迅速蔓延，英国每年有成千上万头牛患这种神经错乱、痴呆、不久死亡的病。此外，这种病还波及世界其他国家，如法国、加拿大、丹麦、葡萄牙、瑞士、阿曼和德国。据考察发现，这些国家有的是因为进口英国牛肉引起的。医学家们发现BSE的病程一般为14~90天，潜伏期长达4~6年。这种病多发生在4岁左右的成年牛身上，其症状不尽相同，多数病牛中枢神经系统出现变化，行为反常，烦躁不安，对声音和触摸，尤其是对头部触摸过分敏感，步态不稳，经常乱踢以至摔倒、抽搐。牛发病初期无上述症状，后期出现强直性痉挛，粪便坚硬，两耳对称性活动困难，心搏缓慢（平均50次/分），呼吸频率增快，体重下降，极度消瘦，以至死亡。科学家通过解剖发现，病牛中枢神经系统的脑灰质部分形成海绵状空洞，脑干灰质两侧呈对称性病变，神经纤维网有中等数量的不连续的卵形和球形空洞，神经细胞肿胀成气球状，细胞质变窄。另外，还有明显的神经细胞坏死。医学家研究证实，牛患疯牛病，是痒病传

你知道吗

疯牛病

疯牛病全名是牛海绵状脑病，是由传染因子引起的牛的一种进行性神经系统的传染性疾病，是一种传染性海绵状脑病。该病的主要特征是牛脑发生海绵状病变，并伴随大脑功能退化，临床表现为神经错乱、运动失调、痴呆和死亡。

到牛身上所致。痒病是绵羊所患的一种致命的慢性神经性机能病。其实痒病的发生已有 200 余年的历史。不过，医学界至今未能找到导致痒病的根源，因此，疯牛病的病原也就难以确定。

疯牛病无肉眼可见的病理变化，也无生物学和血液学异常变化，典型的组织病理学和分子病理学变化都集中在中枢神经系统。

疯牛病有三个典型的组织病理学变化：

1. 牛中枢神经系统中出现的双边对称的神经空泡具有重要的诊断价值，这包括灰质神经纤维网出现微泡，即海绵状变化，这是疯牛病的主要空泡病变。牛海绵状脑病很少见有其他类型的大空泡，而这类空泡是痒病的特征性病变。

2. 星形细胞肥大常伴随于空泡的形成。

3. 大脑淀粉样病变是痒病家族病的一个不常见的病理学特征，疯牛病存在淀粉样病变，但不多见。

疯牛病的分子病理学变化：除了痒病家族应有的特征性组织病理学变化外，牛脑组织提取液中还含有大量的异常纤维（SAF），可用电镜负染技术观察到，这对牛感染疯牛病的确诊非常重要。

SAF 容易纯化，可从正常的膜糖蛋白中提取，膜糖蛋白存在于许多组织中，尤其是脑组织。在痒病感染过程中，这种正常的蛋白经不正常的转录后修饰，从而具有形成原纤维的能力，这种修饰过的蛋白对蛋白水解酶具有部分抵抗力，聚积在脑组织中，常比正常蛋白的浓度高约 10 倍。

基本小知识

电镜负染技术

电镜负染技术就是用重金属盐，如磷钨酸或醋酸双氧铀对铺展在载网上的样品进行染色，然后吸去染料，样品干燥后，样品凹陷处铺了一层重金属盐，而凸起的地方则没有染料沉积，从而出现负染效果。

食用被疯牛病污染了的牛肉、牛脊髓的人，有可能染上致命的克罗伊茨费尔德-雅各布症（简称克-雅症），其典型临床症状为出现痴呆或神经错乱、视觉模糊、平衡障碍、肌肉收缩等。病人最终因精神错乱而死亡。医学界对克-雅症的发病机理还没有定论，也未找到有效的治疗方法。

塞舌尔莺改进后代遗传质量的行为

通过遗传手段进行的"父子鉴定"显示，许多表面上实行"一夫一妻"制的动物，实际上可能并非如此，它们常常与非配偶进行繁殖。但是科学家一直没有搞清，对于动物而言，这种"违法"行径的好处到底在哪里。新的研究表明，塞舌尔莺的这种行为很可能与获得具有免疫功能的基因有着重要的关系。

塞舌尔莺是一种鸣禽，栖息在印度洋塞舌尔群岛的一些岛屿上。在库辛岛上，可供塞舌尔莺繁殖的地区非常狭小，并且雌鸟对于伴侣的选择也不能太挑剔。但是塞舌尔莺对于这种选择上的缺陷通常可以利用非配偶繁殖来弥补：库辛岛上 40% 塞舌尔莺雏鸟的父亲并不是它们母亲的配偶。

科学家推测，塞舌尔莺的这种行为可能是雌鸟为了改进后代的遗传质量而采用的一种策略。为了验证这种假设，英国诺威奇东英格兰大学的分子生态学家理查德森和同事，对雌鸟的配偶选择与不同个体的主要组织适合性综合（MHC）基因多样性之间的关系进行了研究。MHC 是一组分子团，它在机体对于病原体的免疫反应中扮演着重要角色。科学家对某些动物进行的研究显示，那些具有较高 MHC 基因多样性的个体能够更好地抵抗病原体的侵袭。

研究小组发现，在 MHC 基因多样性和塞舌尔莺的"不忠"行为之间确实存在着某种关联：与那些具有较高 MHC 基因多样性的雄塞舌尔莺相比，雌塞舌尔

塞舌尔莺

莺会更多地欺骗那些MHC基因多样性低于平均水平的雄塞舌尔莺。理查德森指出，雌塞舌尔莺看起来似乎不会选择那些MHC特征不明显的家伙，因此MHC基因多样性可能与其他一些特征有关，例如"歌唱"或者"打架"，这些都使雄塞舌尔莺更具有吸引力，或者使它们更容易在其他同伴中脱颖而出。研究小组报告了他们的这一发现。

美国马萨诸塞州的一位进化生物学家认为，这一研究结果非常重要。他说，之前对其他物种进行的个别研究，也"发现了这种无法解释的具有额外配偶的模式"，但是却没有人对MHC在鸟类的配偶选择中所起的作用进行研究。

基本小知识

病 原 体

病原体是指能引起疾病的微生物和寄生虫的统称，其中微生物占绝大多数，包括病毒、衣原体、立克次体、支原体、细菌、螺旋体和真菌；寄生虫主要有原虫和蠕虫。病原体属于寄生性生物，所寄生的自然宿主为动植物和人。能感染人的微生物超过400种，它们广泛存在于人的口、鼻、咽、消化道、泌尿生殖道以及皮肤中。

气候变化改变动物基因

目前，天气变暖已经成为一个全球话题，它对自然、气候、动植物，乃至人类都产生了巨大影响。两位美国科学家称，全球气候变化已开始改变鸟类、松鼠和蚊子等多种动物的基因。他们认为，气候变化对动物习性的影响会反映到遗传上，从而改变动物的进化方向。

俄勒冈大学教授布拉德肖和研究员霍尔茨阿普费尔在《科学》杂志上发表文章说，全球气候变化所导致的季节变迁，首先在部分动物的基因上得到反映。

目前，北半球适宜动物生长的季节变长、冬季变短而且气温上升，这导致部分动物向北方扩张,迁徙、发育和繁殖的时间提前。过去科学界将这种现象归因于"表型可塑性",即一类动物的某些基因型能根据环境条件的变化调节自己的行为。

但布拉德肖等人认为,现在某些动物种群全体都按季节变化改变了生理节律,表明它们的基因已发生改变。比如,加拿大的红松鼠每年的繁殖季节提早,德国的一种莺迁徙时间也提前。

布拉德肖等人认为,动物基因适应季节变迁所发生的变化只是第一步,随后动物基因就会发生适应更温暖气候的变化,这种变化又会影响动物种群分布。

红松鼠

科学家们预测,未来体型较小、种群数量较庞大而生命周期较短的动物,可能更适应气候变暖;反之,体型较大、种群数量较小而生命周期较长的动物,可能进一步减少,有些可能会被更适应温暖气候的动物所取代。布拉德肖等人强调,除非人类认识到气候变化的长期影响并采取切实行动来减缓这种影响,否则人们所熟悉的自然世界"将不再存在"。

知识小链接

气 候

气候包括温度、湿度、气压、风力、降水量、大气粒子数及众多其他气象要素在很长时期及特定区域内的统计数据。与气候相比,天气是指这些气象要素在近两周内的实时状态。一个地方的气候是受该地的纬度、地形、海拔、冰雪覆盖情况、附近水体及其水流状况影响的。气候可根据不同气象要素的平均范围和特殊范围进行分类,最常采用温度和降水量。

伟大的基因工程

与生俱来的病痛

随着对基因研究的不断深入，人们发现许多疾病是由于基因结构与功能发生改变所引起的。因此，深入研究基因不仅能发现有缺陷的基因，而且还能掌握对基因进行诊断、修复、治疗和预防的技术，这是生物技术发展的前沿。这项成果将给人类的健康和生活带来不可估量的利益。

所谓基因治疗是指用基因工程的技术方法，将正常的基因转入病患者的细胞中，以取代病变基因，从而表达所缺乏的产物，或者通过关闭或降低异常表达的基因等途径，达到治疗某些遗传病的目的。目前，科学家已发现的遗传病有6500多种，其中由单基因缺陷引起的就有3000多种。因此，遗传病是基因治疗的主要对象。第一例基因治疗是美国在1990年进行的。1991年，我国首例B型血友病的基因治疗临床实验也获得了成功。

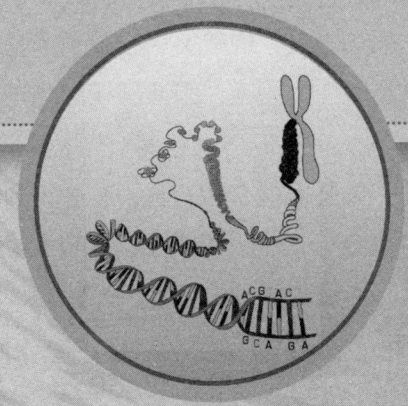

哪些病是与生俱来的？

遗传病是指由遗传物质发生改变而引起的或者是由致病基因所控制的疾病。它是由于遗传物质的改变，包括染色体畸变以及在染色体水平上看不见的基因突变而导致的疾病。根据所涉及遗传物质的改变程序，可将遗传病分为三大类：

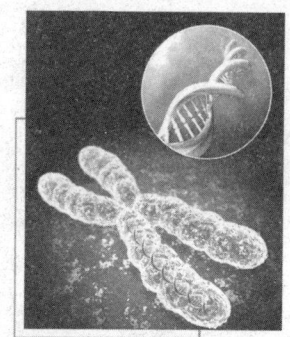

染色体异常

其一是染色体病或染色体综合征，遗传物质的改变在染色体水平上可见，表现为数目或结构上的改变。由于染色体病累及的基因数目较多，故症状通常很严重，会累及多器官、多系统的畸变和功能改变。

其二是单基因病，目前已经发现的单基因病，主要是指一对等位基因的突变导致的疾病，分别由显性基因和隐性基因突变所致。所谓显性基因是指等位基因（一对同源染色体同位置上控制相对性状的基因）中只要其中之一发生了突变即可导致疾病的基因。隐性基因是指只有当一对等位基因同时发生了突变才能致病的基因。

第三是多基因病，顾名思义，这类疾病涉及多个基因，与单基因病不同的是这些基因没有显性和隐性的关系，因此同样的病不同的人由于可能涉及的致病基因数目上的不同，其病情严重程度、复发风险均可有明显的不同，且表现出家族聚集现象，如唇裂就有轻有重，有些人同时还伴有腭裂。值得注意的是多基因病除与遗传有关外，环境因素影响也相当大，故又称多因子病。很多常见病如哮喘、唇裂、精神分裂症、无脑儿、高血压、先心病、癫痫等均为多基因病。

知识小链接

哮 喘

哮喘是由多种细胞特别是肥大细胞、嗜酸性粒细胞和T淋巴细胞参与的慢性气道炎症，在易感者中此种炎症可引起反复发作的喘息、气促、胸闷和（或）咳嗽等症状，多在夜间和凌晨发生，气道对多种刺激因子反应性增高。哮喘是影响人们身心健康的重要疾病。治疗不及时、不规范，哮喘可能致命，而当今的规范化的治疗手段可使接近80%的哮喘患者得到非常好的治疗，工作生活几乎不受疾病的影响。每年5月的第一个周二为世界哮喘日，旨在提醒公众对哮喘的认识，提高对哮喘的防治水平。

常见的遗传病主要有高血压、糖尿病、血脂异常、乳腺癌、胃癌、大肠癌、肺癌、哮喘、抑郁症、老年痴呆等。

◎ 高血压

科学家已培育成功一种"遗传性自发高血压"老鼠。这种老鼠会把高血压的基因一代代传下去，它们的子孙100%会发生高血压，这是高血压与遗传密切相关的最典型例子。

目前多数学者认为，高血压属于多基因遗传性疾病。通过高血压患者家系调查发现，父母均患有高血压者，其子女今后患高血压概率高达45%；父母一方患高血压者，子女患高血压的几率是28%；而双亲血压正常者其子女患高血压的概率仅为3%。

高血压患者应该注意：①坚持监测血压，正常状态下至少每年1次；②限盐补钾，逐步把每日摄入食盐的量控制到5克，同时多吃富含钾的水果、蔬菜（如香蕉、核桃仁、莲子、芫荽、苋菜、菠菜等）；③防止超重和肥胖；④戒烟限酒。

伟大的基因工程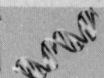

◎ 糖尿病

糖尿病具有明显的遗传易感性（尤其是临床上最常见的 2 型糖尿病）。家系研究发现，有糖尿病家族史的人群，其糖尿病患病率显著高于没有糖尿病家族史的人群。而父母都有糖尿病者，其子女患糖尿病的机会是普通人的 15～20 倍。

诱发糖尿病的外因有：热量摄取太多，活动量下降，肥胖，吸烟以及心理压力过大等。反过来，避免以上因素就可预防糖尿病。在饮食方面，人们应该做到粮食、蔬菜、水果等的合理搭配，注意摄入量与消耗量平衡，常测体重。如果你的体重过重，热量肯定摄入过量，这时就应检讨你的食谱并增加运动。

◎ 血脂异常

血脂异常有许多原因，其中之一就是遗传因素。随着医学科学发展，目前已经发现有相当部分血脂异常患者存在一个或多个遗传基因缺陷。由遗传基因缺陷所导致的血脂异常多具有家族聚集性，有明显遗传倾向，临床上通称为家族性血脂异常。

血脂异常患者最重要的是要做到"迈开腿，管住嘴"：一方面患者要适当限制饮食，但食物种类应尽量丰富，选用低脂食物（植物油、酸牛奶），增加维生素、纤维素（水果、蔬菜、面

拓展阅读

纤维素

纤维素是由葡萄糖组成的大分子多糖，不溶于水及一般有机溶剂，是植物细胞壁的主要成分。纤维素是自然界中分布最广、含量最多的一种多糖，占植物界碳含量的 50% 以上。棉花的纤维素含量接近 100%，为天然的纤维素来源。一般木材中，纤维素占 40%～50%，还有 10%～30% 的半纤维素和 20%～30% 的木质素。

包和谷类食物），控制体重；另一方面患者要加强锻炼，使热量消耗掉才不至于使脂肪在体内堆积。

◎ 乳腺癌

乳腺癌有明显的家族遗传倾向。流行病学专家调查发现，5%～10% 的乳腺癌是家族性的。如有一位近亲患乳腺癌，则患病的危险性增加 1.5～3 倍；如有两位近亲患乳腺癌，则患病率将增加 7 倍。患者发病的年龄越小，亲属中患乳腺癌的危险越大。

有乳腺癌家族史者要特别注意自查，以发现乳腺癌的蛛丝马迹，尽早治疗。乳房包块是乳腺癌最常见的体征，这种包块与乳腺增生包块不同，常为单个，形态不规则，质地较硬，大多无疼痛，与月经周期无明显关系。此外，如发现有乳头湿疹、溢液、皱缩，也应引起重视，到医院做进一步检查。

◎ 胃癌

胃癌患者有明显的家族聚集性。调查发现，胃癌患者的一级亲属（即父母和亲兄弟姐妹）得胃癌的危险性比一般人群平均高出 3 倍。比较著名的如拿破仑家族，他的祖父、父亲以及三个妹妹都因胃癌去世，整个家族包括他本人在内共有 7 人患了胃癌。

患胃癌的危险因素包括缺乏体育锻炼、精神压抑、吸烟、喜食烟熏食品、过量摄入肉类、幽门螺杆菌感染、胃溃疡等。而喜食菌类、新鲜水果是胃癌的保护

广角镜

幽门螺杆菌

幽门螺杆菌（或幽门螺旋菌）是革兰氏阴性、微需氧的细菌，生存于胃部及十二指肠的各区域内。它会引起胃黏膜轻微的慢性发炎，甚至会导致胃及十二指肠溃疡与胃癌。超过 80% 的带原者并不会表露病征。世界上超过 50% 的人口在消化系统上部带有幽门螺杆菌。幽门螺杆菌的传染途径不明，但个体通常是于幼时被感染。幽门螺杆菌呈螺旋状以方便其通过胃黏膜。

因素。值得注意的是，胃癌的家族聚集现象可能与共同感染幽门螺杆菌有关，有胃癌家族史者应去医院检查有无该细菌感染，有则及时治疗。

◎ 大肠癌

家族遗传导致的大肠癌占大肠癌发病总人数的 10% ~ 15%。亲属中有大肠癌患者的人，患此病的危险性比普通人大 3 ~ 4 倍，如果家族中有两名或以上的近亲（父母或兄弟姐妹）患大肠癌，则为大肠癌的高危人群。

有大肠癌家族史者应多吃新鲜食物，少吃腌、熏食物，不吃发霉食物，少饮含酒精饮料，不吸烟。如出现以下症状要及时去医院检查：①大便习惯改变，大便次数增多，或腹泻与便秘交替出现；②大便带脓血或呈黏液便；③大便变细、变形，排便费力；④时有排便感，却无大便解出。

◎ 肺癌

国外研究机构对超过 10.2 万名日本中老年人展开了长达 13 年的追踪调查，他们中共出现了 791 例肺癌。研究者将直系亲属有肺癌患者和没有肺癌患者的两组人进行对比，结果发现前者患病几率是后者的 2 倍。肺癌的遗传性在女性身上表现得尤为明显。

肺癌的发生与吸烟密切相关，特别是那些有家族肺癌病史的人，一定要远离烟草和被动吸烟。如果出现刺激性咳嗽、痰血等症状，尤其是上述高危人群，

拓展阅读

烟 草

烟草是茄科一年生草本植物，烟草属大约有 60 种，但真正用于制造卷烟和烟丝的，基本只有红花烟草，此外还有少部分用黄花烟草，其他品种很少用。烟草含有尼古丁，是一种生物碱，具有神经毒性，尤其对昆虫是致命的，但可以刺激人类神经兴奋，长期使用耐受量会增加，但也会产生依赖性。据研究三枝卷烟或半枝雪茄烟中含有的全部尼古丁就可以使人致死，但吸烟的人吸入的尼古丁只是其中很少的一部分。烟草也可以用来制造杀虫剂，提取烟碱、苹果酸、柠檬酸等。

应尽早找医生诊治。如果能早期发现并规范治疗，肺癌的治愈率可以达到70%。

◎ 哮喘

目前多数学者认为，哮喘发病的遗传因素大于环境因素。如果父母都有哮喘，其子女患哮喘的概率可高达60%；如果父母中有一人患有哮喘，子女患哮喘的可能性为20%；如果父母都没有哮喘，子女患哮喘的可能性只有6%左右。此外，如果家庭成员及其亲属患有过敏性疾病如过敏性鼻炎，皮肤、食物、药物过敏等，也会增加后代患哮喘的可能性。

成人哮喘多在儿童期发病，儿童期早治疗是减少成人期发病率的关键。有哮喘家族史者应避免各种引发哮喘的环境因素，如吸入各种过敏物质（过敏原）、呼吸道病毒和细菌感染、吸烟和空气污染等，这些因素在哮喘发病和加剧中起触发和推波助澜的作用。平时要做好生活环境和工作环境的清洁卫生，戒烟，积极预防和及时治疗呼吸道感染。

◎ 抑郁症

许多研究都发现抑郁症的发生与遗传因素有较密切的关系，抑郁症患者的亲属患抑郁症的概率远高于一般人，为10～30倍，而且血缘关系越近，患病概率越高。据国外报道，抑郁症患者亲属中患抑郁症的概率为：一级亲属（父母、同胞、子女）为14%，二级亲属（伯、叔、姑、姨、舅、祖父母或孙子女、甥

拓展阅读

抑郁症

抑郁症是一种常见的心境障碍，可由各种原因引起，以显著而持久的心境低落为主要临床特征，且心境低落与其处境不相称，严重者可能出现自杀念头和行为。多数抑郁症患者有反复发作的倾向，每次发作大多数可以缓解，部分会有残留症状或转为慢性。迄今为止，抑郁症病因与发病机制还不明确，也无明显的体征和实验室指标异常，概括来说抑郁症是生物、心理、社会（文化）因素相互作用的结果。

侄）为4.8%，三级亲属（堂、表兄妹）为3.6%。

抑郁症的防治应以早期发现、早期诊断、早期治疗为主。如果经常出现闷闷不乐、体重显著增加或减少、失眠或睡眠过多、坐立不安、注意力不集中、有轻生念头等现象，要及时去医院检查治疗。

◎ 老年痴呆

科学家在长期研究后发现，老年性痴呆是一种多基因遗传病。研究发现，父母或兄弟中有老年性痴呆症患者，患老年性痴呆症的可能性要比无老年痴呆家族史者高出4倍。

如果有老年性痴呆家族遗传史的，50岁以后就应该进行检查，看有没有智力方面的障碍，以便及时采取一些措施进行治疗。

老年性痴呆

老年性痴呆是一种进行性发展的致死性神经退行性疾病，临床表现为认知和记忆功能不断恶化，日常生活能力进行性减退，并有语言障碍等神经精神症状。老年性痴呆严重影响社交、职业与生活功能。老年性痴呆按不同病因可以分为：神经系统变性病所致痴呆、血管性疾病所致痴呆、代谢障碍性痴呆、感染相关性疾病所致痴呆、物质中毒所致痴呆等。

遗传病是可以治疗的，目前有多种手段可以治疗遗传病，基因疗法是其中根本的、有希望的疗法。人类的遗传物质，也可以像"虾子向蚯蚓借眼睛"的故事一样，向别的生物借用，即向基因发生缺陷的细胞注入正常基因，以达到治疗目的。基因治疗说起来简单，可事实上是一个相当复杂的问题。首先必须从数十万基因中找出缺陷基因，同时必须制备出相应的正常基因，然后将正常基因转入细胞内替代缺陷基因，并能够进行正常的表达。此种治疗方法，目前还处在研究和探索阶段之中。

值得特别提出的是，在基因疗法还没有彻底研究出来的现阶段，遗传病的传统治疗方法只有治标的作用，即所谓"表现型治疗"，只能消除一代人的病痛，而对致病基因本身却丝毫未触及。那些致病基因将一如既往，按照固有规律传递给患者的子孙后代。

基因治疗技术

随着对基因研究的不断深入，人们发现许多疾病是由于基因结构与功能发生改变所引起的。因此，深入研究基因不仅能发现有缺陷的基因，而且还能掌握如何对基因进行诊断、修复、治疗和预防的技术，这是生物技术发展的前沿。这项成果将给人类的健康和生活带来不可估量的利益。

所谓基因治疗是指用基因工程的技术方法，将正常的基因转入病患者的细胞中，以取代病变基因，从而表达所缺乏的产物，或者通过关闭或降低异常表达的基因等途径，达到治疗某些遗传病的目的。目前，科学家已发现的遗传病有6500多种，其中由单基因缺陷引起的就有3000多种。因此，遗传病是基因治疗的主要对象。

第一例基因治疗是美国在1990年进行的。当时，两个4岁和9岁的小女孩由于体内腺苷脱氨酶缺乏而患了严重的联合免疫缺陷症。科学家对她们进行了基因治疗并取得了成功。这一开创性的工作标志着基因治疗已经从实验研究过渡到临床实验。1991年，我国首例B型血友病的基因治疗临床实验也获得了成功。

基因治疗的最新进展是将基因枪技术用于基因治疗。其方法是将特定的DNA用改进的基因枪技术导入小鼠的肌肉、肝脏、脾、肠道和皮肤获得成功的表达。这一成功预示着人们未来可能利用基因枪传送药物到人体内的特定部位，以取代传统的接种疫苗，并用基因枪技术来治疗遗传病。

基因治疗按基因操作方式分为两类，一类为基因修正和基因置换，即将缺陷基因的异常序列进行矫正，对缺陷基因精确地原位修复，不涉及基因组的其他任何改变。通过同源重组，即基因打靶技术将外源正常的基因在特定的部位进行重组，从而使缺陷基因在原位特异性修复。另一类为基因增强和基因失活，是不去除异常基因，而通过导入外源基因使其表达正常产物，从而补偿缺陷基因等的功能；或封闭某些基因的翻译或转录，以达到抑制某些异常基因表达。

按靶细胞类型又可分为生殖细胞基因治疗和体细胞基因治疗。广义的生殖细胞基因治疗以精子、卵子和早期胚胎细胞作为治疗对象。由于当前基因治疗技术还不成熟，以及涉及一系列伦理学问题，生殖细胞基因治疗仍属禁区。在现有的条件下，基因治疗仅限于体细胞。

目前，科学家们正在研究的是胎儿基因疗法。如果现在的实验疗效得到进一步证实的话，就有可能将胎儿基因疗法扩大到其他遗传病，以防止出生患遗传病症的新生儿，从而从根本上提高后代的健康水平。

知识小链接

血友病

血友病是一组遗传性凝血因子缺乏所引起的出血性疾病。凝血因子是人体内一组具有血凝固液、止血功能的生物活性蛋白，主要的凝血因子有13种。如果血液中缺乏某一种凝血因子，血液就不容易凝固，从而引起出血性疾病。典型血友病患者常自幼年开始发病，手术、外伤后出现凝血功能障碍，出血不止，严重者在较剧烈活动后也可自发性出血，特别是关节、肌肉等出血，导致严重的关节肿胀及肌肉缺血坏死，长期发作会影响骨关节的生长发育，导致关节畸形及肌肉萎缩，以致四肢（主要为下肢）活动困难，严重者不能行走。血友病的出血特点为：出血不止，多为轻度外伤、小手术后；与生俱来，伴随终身；常表现为软组织或肌肉内血肿；出血的轻重与血友病类型及相关因子缺乏程度有关。

基因突变导致遗传性视网膜病变

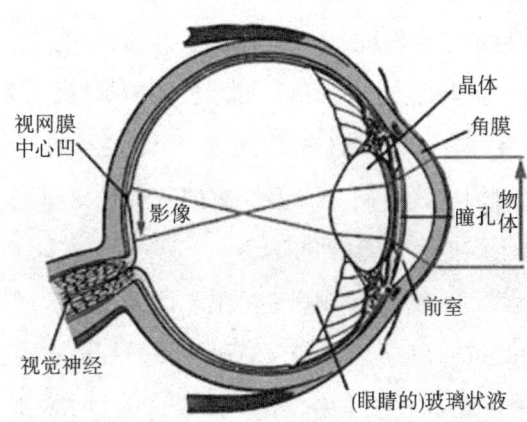

视网膜

几十年前，美国华盛顿大学医学院首次在密苏里州和阿肯色州的一些家族中发现了一种致命的遗传疾病——脑白质营养不良导致的视网膜病变（RVCL）。如今，科学家将其归咎于TREX1基因的突变。

华盛顿大学临床眼科和视觉科学教授格兰特和分子微生物学教授阿特金森于1986年首次发现了RVCL，它是一种很难被"看穿"且易被误诊的罕见疾病。

后来，研究人员在欧洲和澳大利亚也发现了患有RVCL的家族。罹患RVCL的病人在45岁上下，中枢神经系统会遭受复杂且致命的攻击，产生诸如视力减弱、痴呆等症状。这些症状酷似脑瘤或脑脊髓多发性硬化症。一旦发病，10年内可能就会死亡。

由于RVCL病人的眼睛和大脑里层的小血管会逐渐"死

拓展阅读

视网膜

视网膜是脊椎动物和一些头足纲动物眼球后部的一层非常薄的细胞层。它是眼睛里面将光转化为神经信号的部分。视网膜含有可以感受光的视杆细胞和视锥细胞。这些细胞将它们感受到的光转化为神经信号。这些信号被视网膜上的其他神经细胞处理后演化为视网膜神经节细胞的动作电位。视网膜神经节细胞的轴突组成视神经。

去"，查清RVCL与TREX1基因突变的联系很可能也有助于理解其他影响老年人健康的疾病。同血管萎缩相联系的遗传疾病包括血管性痴呆——它导致老年人失忆、定向力障碍和情绪问题。在美国，定向力障碍是老年痴呆症的第二大诱因，在许多亚洲国家，它是引发痴呆的罪魁祸首。

TREX1基因活跃在几乎所有细胞中，它发现DNA的错误，并帮助纠正错误。当细胞复制DNA时，它会将错误同时也引入DNA，而且，辐射等环境因素也会导致DNA产生错误。阿特金森说："TREX1基因的突变为什么会使这些血管在患者中年时萎缩的具体机制目前尚待研究，但现有的研究结果已经暗示我们——TREX1基因可能有助于维护小血管的健康。"

早在2002年，阿特金森小组就发现血管萎缩与第三号染色体的某个区域有关，在华盛顿大学基因组测序中心的资助下，研究人员最终将目标锁定在最容易测序的一种基因上。在10个家庭研究样本中，他们发现，罹患RVCL的家族成员都携带5种TREX1基因突变中的一种。研究人员准备乘胜追击，将TREX1基因"看透"，以更好地治疗RVCL。

肥胖的身体带来的不便

肥胖是人体内脂肪积聚过多所致的现象。肥胖不仅影响形体美，而且给生活带来不便，更重要的是容易引起多种并发症，加速衰老和死亡。难怪有人说肥胖是疾病的先兆、衰老的信号。

◎健康长寿的大敌

据统计，肥胖者并发脑栓塞与心衰的发病率比正常体重者高一倍，患冠心病比正常体重者多2倍，高血压发病率比正常体重者多2~6倍，更为严重的是肥胖者的寿命将明显缩短。据报道超重10%的45岁男性，其寿命比正常体重者要缩短4年。

◎ 影响劳动力，易遭受外伤

身体肥胖的人往往怕热、多汗、易疲劳、下肢浮肿、静脉曲张、皮肤皱折处患皮炎等；严重肥胖的人，行动迟缓，行走活动都有困难，稍微活动就心慌气短，以致影响正常生活，甚至导致劳动力丧失。由于肥胖者行动反应迟缓，也易遭受各种外伤、骨折及扭伤等。

◎ 易发冠心病及高血压

肥胖者脂肪组织增多，耗氧量加大，心脏做功量大，使心肌肥厚，尤其左心室负担加重，久之易诱发高血压。肥胖者脂质沉积在动脉壁内，致使管腔狭窄、硬化，易发生冠心病等病，严重者可致死。

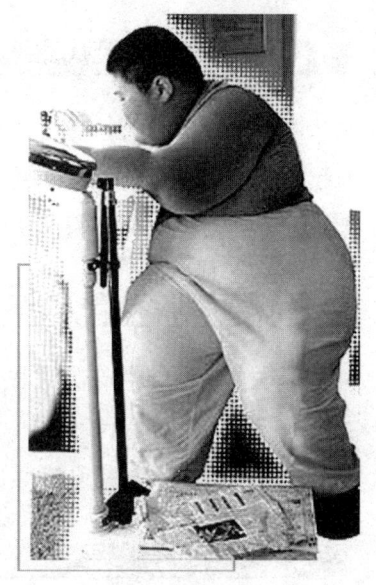

肥胖者

拓展阅读

冠心病

冠心病，全称是冠状动脉性心脏病，是一种最常见的心脏病，是指因冠状动脉狭窄、供血不足而引起的心肌机能障碍和器质性病变，故又被称为缺血性心肌病。冠状动脉是主动脉的分支，负责给心肌供应足够的氧和营养素。当冠状动脉被胆固醇或血凝块阻塞而形成噬菌斑，便会引致心脏供血不足，患者需要接受俗称"搭桥"的手术以畅通血管。当冠状动脉血液被严重阻塞，可引致很严重的后果。血液不能供应到心脏会引致剧烈的心绞痛，然后心脏会衰竭，最严重的可导致死亡。

伟大的基因工程

◎ 易患内分泌及代谢性疾病

伴随肥胖所致的代谢、内分泌异常，常可引起多种疾病。糖代谢异常可引起糖尿病，脂肪代谢异常可引起高脂血症，核酸代谢异常可引起高尿酸血症等。肥胖女性因卵巢机能障碍可引起月经不调。

◎ 对肺功能有不良影响

肺的作用是向全身供应氧及排出二氧化碳。肥胖者因体重增加需要更多的氧，但肺不能随之而增加功能，同时肥胖者腹部脂肪堆积又限制了肺的呼吸运动，故可造成缺氧和呼吸困难，最后导致心肺功能衰竭。

◎ 易引起肝胆病变

由于肥胖者的高胰岛素血症使其内因性甘油三酯合成亢进，就会造成在肝脏中合成的甘油三酯蓄积从而形成脂肪肝。肥胖者与正常人相比，胆汁酸中的胆固醇含量增多，因此肥胖者容易并发高比例的胆固醇结石，有报道称患胆固醇结石的女性50%～80%是肥胖者。

基本小知识

胆 固 醇

胆固醇，别名胆甾醇，是一种类固醇及甾醇，化学式为$C_{27}H_{46}O$，固态之下是一种无色的结晶。胆固醇广泛存在于动物体的细胞膜中，同时也是合成几种重要荷尔蒙及胆酸的材料。胆固醇可以分成两种：低密度脂蛋白胆固醇及高密度脂蛋白胆固醇。若人体血液中胆固醇的总含量过高，则发生心血管疾病的几率会提高。胆固醇在人体内扮演着重要角色，可说是一种与生命现象息息相关的重要化合物。

◎ 会增加手术难度、术后易感染

肥胖者会增加麻醉时的危险，手术后伤口易裂开，感染坠积性肺炎等并发症的机会均较不胖者为多。

◎ 可引起关节病变

人们体重的增加能使许多关节（如肩、肘、髋、足关节）磨损或撕裂而致疼痛。

◎ 并发疝气

肥胖者可并发许多疝，其中以胃上部至胸腔中的食道裂孔疝最为常见。

瘦蛋白基因

肥胖与减肥是当今世界的重大问题。因为，肥胖与高血压、冠心病、肿瘤、脂肪肝等有着密切的关系。在我国，肥胖现象也非常普遍。为了减肥和防止肥胖，营养学家和医学家想出了许多的招数，一个个方法被用来试验，但都显示出一定的不足。为了寻找更完美的方法，科学家们正在不断地努力着。他们提出的比较有希望的减肥方法，是利用分子生物学的方法找到肥胖基因，而后对肥胖采用基因治疗。

随着分子生物学的迅猛发展，科学家这几年的研究取得了可喜的进展。科学家们在 1600 只肥胖小鼠的脂肪细胞中提取了减肥基因，他们给它起了个名字叫"Leptin"。这个基因编码的蛋白有减肥作用，中国的科学家们称其为瘦蛋白基因。

瘦蛋白基因又称 OB 蛋白，是

肥胖小鼠与正常小鼠

伟大的基因工程

肥胖基因在脂肪细胞内的表达产物，是分子量为 1.6 万、含 167 个氨基酸残基的单链蛋白质分子，具有高度亲水性，在 N 端含有分泌信号肽。

根据动物实验，瘦蛋白基因的减肥效果是惊人的。用每天 5 微克的剂量给肥胖小鼠注射，发现肥胖小鼠在 4 天内体重开始降低，在 33 天内体重减少 40%。肥胖小鼠注射的第一天，进食量就减少，4 天后进食稳定在正常量的 40%。研究还发现，用人体基因克隆的瘦蛋白基因，也有同样的效果。瘦蛋白基因的最大好处是，只减少脂肪，而对肌肉没有影响。

瘦蛋白基因为什么会有如此好的效果呢？

科学家们研究得知，瘦蛋白基因的作用机制大致是这样的：瘦蛋白基因的信使 RNA 发出信号，告诉大脑人体内共有多少脂肪，同时有一个神经网状系统来判断信号的强弱，并决定如何调节影响肥胖的各种因素，如食欲、活动和体内脂肪与蛋白质的含量组成。这个神经网状系统的关键组织是下丘脑。

广角镜

脂 肪

脂肪是室温下呈固态的油脂，多来源于人和动物体内的脂肪组织，是一种羧酸酯，由碳、氢、氧 3 种元素组成。与糖类不同，脂肪所含的碳、氢的比例较高，而氧的比例较低，所以发热量比糖类高。食用脂肪是人可直接食用或烹调的油脂，主要成分是三酸甘油酯，也就是中性脂肪。脂肪是常见的食物营养素之一，亦是 3 种提供能量的营养素之一。

目前，科学家们应用人体重组的基因生产瘦蛋白基因，然后将这种瘦蛋白基因注射到肥胖人的身上，也发现了同样的效果，但还存在某些方面的缺陷。可见，将瘦蛋白基因具体应用到人上，还有一段非常艰巨与复杂的路要走，我们期待着成功的到来。

寿命的性别差异

随着社会老龄化趋势的加速，衰老机理的研究已成为老年医学、老年生物学研究的热点。而女性的寿命与男性寿命往往有很大的差异，也就是寿命的性别差异，也越来越受到人们的关注。在整个世界上，存在着这样的现象：女性寿命普遍高于男性，这是为什么呢？

以往，科学家们认为，男性因为吸烟、酗酒以及与社会接触一些不良因素的影响，使他们的寿命缩短。然而，如今女性走入社会，越来越多的女性承担着与男性一样的工作和生活负担，但寿命的性别差异依然存在。这又是为什么呢？科学家们对此进行了探讨，提出了一些假说。

现在已经知道，遗传物质是决定物种寿命的主要因素之一。对于人类来说，子女的寿命往往与双亲的寿命有关。生物衰老可能受细胞内遗传物质的控制。

一对老年夫妇

女性的性染色体为两条 X 染色体，男性只有一条 X 染色体，另一条为 Y 染色体。在男性身上，如果在 X 染色体上有 X 连锁遗传性疾病的隐性基因，由于没有另一条 X 染色体，这种隐性基因会很容易表达。然而在女性身上，只有当两个 X 染色体都具有隐性基因时，才会表达。所以，X 染色体上连锁的遗传病基因的表达机会，男性远远高于女性，这样，男性中这类病的患病率大大高于女性。如果 X 染色体上

伟大的基因工程

有连锁的显性遗传病基因，女性的患病率则虽高于男性，但女性的病情比男性轻，这是因为绝大多数女性是杂合分子，其正常的等位基因可进行功能性补偿，而男性失去了这个机会。

有的学者认为寿命的性别差异可能是 Y 染色体造成的。Y 染色体决定睾丸的分化与功能，男、女性激素的不同而使体内某些物质如胆固醇、脂蛋白等的代谢有所差异。这一差异使男性的动脉粥样硬化和心血管疾病的患病率大大高于女性。另一些学者认为，女性长寿与雌激素水平有关，如育龄期女性冠心病的发病率比男性低 2~3 倍。雌激素水平高，可以刺激生长素和催乳素的分泌，加强了胸腺的功能。此外，雌激素在对抗感染性疾病方面也起一定的作用，例如，女性感染性疾病的患病率和死亡率达到与男性相同时要推迟 10~15 年。所有这些均有利于女性长寿，也是寿命的性别差异的重要原因。

基本小知识

激 素

激素是由内分泌腺产生的化学物质，随着血液输送到全身，控制身体的生长、新陈代谢、神经信号传导等。激素在人体内的量虽然不多，但是对健康却有很大的影响。激素缺乏或是过多会引发各种疾病，例如：生长激素分泌过多就会引起巨人症，分泌过少就会造成侏儒症；而甲状腺素分泌过多就会引发心悸、手汗等症状，分泌过少就易导致肥胖、嗜睡等；胰岛素分泌不足就会导致糖尿病。许多激素制剂以及人工合成产物在医学上及畜牧业中有重要用途。

种族体质的"优劣"

目前，最常见的种族分法是将世界人种分为 4 种：刚果人种，即黑色人种；高加索人种，即白色人种；蒙古人种，即黄色人种；澳大利亚人种，即棕色人种。种族差异不仅表现在肤色上，在性格、体质等方面也有很大差异。

在肯尼亚西北的埃腾小镇上，一个只有区区4000居民的弹丸之地，却因为诞生了大批长跑世界冠军而蜚声体坛。坐落在附近的圣帕特里克高中更是被誉为冠军摇篮，从这里走出过40多位世界冠军。

很多的长跑好手来自"冠军之乡"的贫苦人家，他们亲眼看到邻居因为体育而家境好转，遂而走上了长跑之路。对于他们来说，长跑几乎是改变贫穷的唯一出路，而发生在身边的鲜活事例，也不断给他们信心和激励。自古以来，埃腾人"交通基本靠跑"，跑步早已融入了当地居民的生活，成为了必需的那部分。

在肯尼亚，长跑和人类的历史等长。作为人类祖先最早的聚居地之一，600万年前的肯尼亚高地已经活跃着双足动物的矫健身影。它们在高地草原上求生，鬣狗可能是它们最大的竞争对手，因为两者都以长跑和耐力竞争猎物。当都市人在等待上二楼的电梯时，可能难以想象人类远祖的耐力极限，更难以置信的是，这种能力可能仍然隐藏在我们的骨髓之中。墨西哥的拉拉木里人可以奔跑上百千米，追逐野鹿直到对方疲惫。

斗转星移，肯尼亚凭借得天独厚的自然条件和深厚的长跑文化，成了世人瞩目的长跑圣地。独特的非洲风情也吸引了无数的游客，一路陪伴着这些游客的，总有不断出现的两个要素：壮观的峡谷景观以及无处不在的长跑选手。

在肯尼亚，散布在东非大裂谷两侧的几十个训练基地规模不等，设施简陋是最大的共同点，但是世界各地的长跑运

趣味点击　东非大裂谷

东非大裂谷，位于非洲东部，是一个在3500万年前由非洲板块的地壳运动所形成的地理奇观，其所形成的生态、地理和人类文化都相当独特。东非大裂谷的整个形状可画成不规则三角形，最深达2000米，宽30~100千米，全长6000千米，是世界上最大的裂谷带，由探险家约翰·华特·古格里命名。

动员仍然虔心向往。2007年2月，中国田径队就曾在此集训，备战当年的大阪田径世锦赛。在山间随处可见的矫健身姿中，不乏全身名牌的欧洲人士，更多的则是赤脚上阵的本地青年。

这些本地青年很多都还不是专业运动员，但他们追逐世界冠军的梦想却从未动摇。他们在等待伯乐慧眼识珠的过程中，一切设施都只能就地取材，不过在他们看来，现有的一切都恰到好处：时隐时现的山间小路就是跑道；松软适中的泥土踩上去温软而富有弹性，根本无须跑鞋。

面对竞争对手的"奢华"装备，他们从未有过妄自菲薄，他们知道：这些运动员千里迢迢赶来这里训练，肯定是在这里找到了他们所需要的东西。虽然说不出肯尼亚的具体优势，但这些本地青年显然已经意识到，土生土长的自己早已占尽先机。和可以共享的自然环境不同的是，他们坚信自己拥有任何名牌鞋所不能赋予的优势——东非血统。

这股看似狂妄的自信力并非夜郎自大，几十年来东非运动员在长跑领域的杰出成就铸就了他们的民族自信，同时也是他们的动力之源。2004年，男子3000米障碍赛的前20名有13名是肯尼亚选手；他们同时也包揽了2007年的大阪世锦赛该项目的前三名；毫无意外地，该次世锦赛上男女马拉松赛的冠军头衔也未旁落。虽然同样受过东非高原的洗礼，却只能在30名之后才能见到中国选手的身影。2008年4月结束的柏林半程马拉松赛上，肯尼亚选手再次包揽男女冠军，保罗·科斯盖创造了今年男子第二的好成

拓展阅读

马拉松

马拉松是一项考验耐力的长跑运动。全世界每年举行的马拉松比赛超过800个，大型的赛事通常有数以万计的参与者，多数人以健身休闲为目的。马拉松是国际上非常普及的长跑比赛项目，全程距离为42.195千米。它分全程马拉松、半程马拉松和四分马拉松3种，以全程马拉松比赛最为普及，一般提及马拉松，即指全程马拉松。

绩，但最好成绩则归属早前的埃塞俄比亚选手。

　　运动场上的荣誉不仅限于东非，在为数不少的体育项目中，黑色人种都位于成绩的顶峰。男子百米跑道是最不缺乏注意力的项目，而这里已经被黑色人种把持多年。1984—2004 年的六届奥运会上，男子百米决赛起跑线上的 48 名选手，都是清一色的黝黑皮肤。2007 年在安曼举行的第十七届亚洲田径锦标赛，给全亚洲人们送来了一份大礼：卡塔尔选手弗朗希斯成为首位男子百米跑进 10 秒的亚洲运动员——可惜，他也是黑色人种。2008 年，北京奥运会的赛场上，牙买加的运动员们几乎包揽了跑道上的所有金牌，世界瞩目的"飞人"博尔特也一次一次地突破人类极限，一次次打破世界纪录。牙买加的胜利为北京奥运打开了一道亮丽的黑色风景线。

牙买加运动员奥运夺冠

　　黑色旋风掀起的运动狂潮，早已突破了跑道的限制。拳击项目一直被视为最具男性魅力的活动之一，1937—1964 年，8 位重量级拳王中有 6 位是黑色人种，拳击几乎成了黑色人种拳王的友谊赛——虽然只是拳头下的友谊。如果说拳击场上的个人英雄主义尚不具有足够的代表性，请移步球场。在以团队精神著称的大球项目中，黑色人种的成就同样令人叹为观止，他们不仅占据了现役 NBA 球员的七成以上，而且为我们奉献了最伟大的乔丹和数不胜数的精彩比赛画面。他们篮球场上的空中技巧让人炫目，"黑色礼花"不断绽放；足球场上，黑色人种同样呼风唤雨，足底生花。绿茵场上黑色人种的成功，只有白人足以与之比肩，难道这就是足球由黑白两色组成的原因？

　　但是，在乒乓球项目中，黄色人种占据了绝对优势。他们也在羽毛球、

伟大的基因工程

中国运动员包揽乒乓球奖牌

射击、举重、体操等项目上占得了一席之地——如果还不能说占据绝对优势的话。在很多人心目中，体育版图被清晰地分成了三大色块，各有阵地，互相渗透。分析过大量竞赛数据后，我们不得不承认，不同人种的竞赛成绩确实存在明显差别，不过情况和我们的直观感受有所差异。在大局面上占据绝对优势的是白色人种，他们是大多数竞技运动的中流砥柱；黑色人种和黄色人种选择性地参加一些项目，并在某些项目中拔得头筹。问题是，体育项目中的优势，在多大程度上由种族决定？对于这个问题，人类学家的好奇心并不亚于芸芸众生。

人种正是人类学一以贯之的研究课题。人类学命途多舛，更曾误入歧途：在诞生之初，西方研究者着眼于原始部落，只为证明本族群的优秀。这种研究理念如今早已被人们弃如敝屣，但族群间的差异仍然是重要的研究课题，这些组成了人类多样性的重要部分。

肤色似乎是种族间最明显（虽然并非最大）的生物差异，以致成了我们名片上一个抹不去的重要头衔。因此体育场上的肤色差异，很自然地在人们心中烙下了深刻的烙印。关于如何认识这种差异，华南师范大学体育学院教授胡小明说："在早期以体能为主的竞技项目中，黑色人种和白色人种占据绝对优势；黄色人种则主要在侧重技能的竞技项目中取得较好成绩。"体质人类学家试图以数据为基础，揭开这些体育项目的种族优势之谜。

人类学和运动生理指标足以牵起体育和种族之间的红线吗？毫无疑问，运动员个体的竞技成绩显然和体质有关，而体质可以通过若干检测指标来量化，成为一个含义确定的研究对象。很多体质人类学家认为，种族之间的多项平均生理指标差别颇大，种族体质正是体育项目中种族优势的重要原因，或者至少是部分原因。

新生儿提供了最直接的证据，他们本是一张种族的白纸，被认为是说明种族之间先天体质差异的有利证据。弗里德曼早在 20 世纪 70 年代就注意到，新生儿的运动力、肌肉弹性、情绪反应存在显著种族差异，而且也无法解释为"胎教"的影响。例如，相对于高加索和美国人的混血新生儿，中国和美国人的混血新生儿不轻易受噪声和运动的干扰，能更好地适应新的刺激和环境，并更快地自我安静下来。

世界飞人博尔特

类似的数据大量存在于加拿大科学家菲利普·洛旭庭在《种族、演化和行为——生命历史的远景》一书中。他对不同人种的体质差异做出了总结性的描述：相对于其他人种，黑色人种的臀部较窄，肩膀较宽，四肢更修长，脂肪更少，而相对更多的肌肉则像一台大排量发动机，为身体提供了强大的动力保证。其他数据指出，黑色人种不仅动力强劲，而且肌肉中的快肌纤维比例更高，这就使得黑色人种在速度类项目中占据了绝对优势。

知识小链接

快肌纤维

快肌纤维，又被称为白肌纤维，属于运动性运动神经单位。快肌纤维是决定肌肉力量、速度的主要因素。快肌纤维含较多的肌原纤维，而肌红蛋白和细胞色素较少，运动时收缩的速度快而有力，爆发力强。肌肉中快肌纤维含量高，对于运动的爆发力和速度有较强的提高作用。快肌纤维主要由无氧代谢提供短期能量，是造就短跑运动员惊人速度的关键成分。

伟大的基因工程

　　黑色人种马力强大的肌肉发动机，还需要与之匹配的骨骼变速器。成年黑色人种骨骼中的无机质含量更高，平均密度比白色人种高出一成，因此也更为坚固。当在黑色人种血液中发现更高浓度的睾丸素（比白色人种和黄色人种高出3%～19%）时，这些全身性的生理特征都变得可以理解了。

　　众所周知，正是睾丸素导演了男女两性的分野，它是塑造男性阳刚躯体的总工程师，强硬有力是它的工作作风，它倾向于形成更多的肌肉。类似睾丸素的合成分子也是早期兴奋剂的主要有效成分，急功近利的运动员们以此来增强体力，提高成绩；同时也摧毁了自己和体育的尊严。

知识小链接

睾 丸 素

　　睾丸素又称睾酮、睾丸酮或睾甾酮，是一种类固醇荷尔蒙，由男性的睾丸或女性的卵巢分泌，肾上腺亦分泌少量睾丸素，它具有维持肌肉强度及质量、维持骨质密度及强度、提神及提升体能等作用。睾丸素对男子生殖器官及其他重要器官的作用相当复杂，其生物、化学过程科学家尚未完全研究清楚。但是，睾丸素可能影响许多身体系统和功能，包括：血生成、体内钙平衡、骨矿化作用、脂代谢、糖代谢和前列腺增长。

　　如果黑色人种真的拥有天然的兴奋剂补给，那么当我们面对自己的糟糕战绩时，似乎可以少些羞愧。不过，黑色人种的这种先天特质并不在所有运动项目中占优势。他们修长的四肢显然不是举重的最佳体形，长长的四肢需要克服重力做更多的功，虽有高比例的快肌纤维提供爆发力，却仍旧得不偿失。黑色人种还存在着一个众所周知的弱项：游泳。

　　黑色人种很难在游泳项目中出类拔萃，常见的推测是，较大的骨骼密度、较少的脂肪，以及较小的胸腔限制了他们在泳池中的表现，在克服浮力和屏气的问题上，他们需要花费更多的精力。这个解释同样看上去完备而且令人信服——至少到目前为止。

　　看来，将体育的种族优势解释为体质差异，似乎最为直观，而且也能站得住脚。

　　各种族的基因差异，导致了他们在体育运动面前的长短项目。黑色人种是赛道上的王者，白色人种的精湛泳技让人惊讶，而黄色人种则一直以轻巧、灵活的特点给人留下深刻印象。与白色人种相比，黄色人种个子矮、体重轻，绝对力量和绝对速度都不占优势，其天赋主要集中在与灵巧、技能和心智等有关的项目上。在2008年奥运会上，中国军团在体操、跳水、羽毛球等项目上优势明显，而韩国在射箭项目上几乎无人能敌。

伟大的基因工程

复活史前巨兽是真的吗？

　　恐龙、猛犸象对人类来说，是很久远的事情了，它们留给人类的或许只有化石而已。自从19世纪后期，在法国南部第一次发现恐龙蛋化石以来，在世界其他国家和地区，陆续有恐龙蛋化石的出土，人们从这些化石中获取了部分基因片段。现在，既然人们已从恐龙蛋化石中获取了恐龙的基因片段，能否在此基础上复制出活蹦乱跳的小恐龙呢？科学家的回答是否定的。因为要复制出一条活的小恐龙，最起码的条件是必须弄清楚恐龙有多少个基因，譬如说是几千个还是几万个？目前这还是个未知数。

　　但是，科学是永无止境的，虽然我们现在无法复活恐龙和猛犸象，但是，当我们面对因人类破坏环境而灭绝的物种时，或许可以从基因角度找到使它们重回生物圈的方法，这样也可以弥补人类的罪过。相信有一天，那些已经离我们远去的生物朋友们会回到我们的身边。

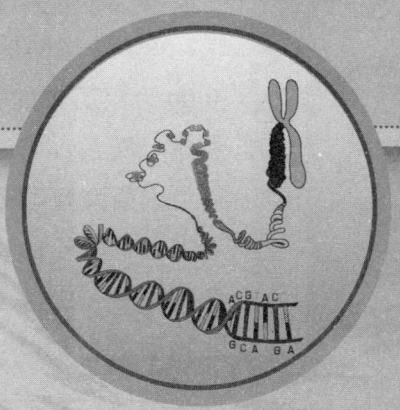

科学家对于复活恐龙的努力

在电影《侏罗纪公园》中，一位科学家从一只吸了恐龙血，嵌于树脂化石中的蚊子中提取出 DNA，成功复制出恐龙，并最终建成一个恐龙"侏罗纪公园"。而在现实生活中，美国、加拿大两国科学家也在不遗余力地复活恐龙，只不过他们手中的道具从蚊子变成了同样不起眼的鸡。

这些科学家是怎样形成这样的共识，即相信他们一定能揭开这个史前失落世界的神秘面纱呢？为进一步了解这些科学家的探究历程，我们必须将时间向前推移至 1992 年。这一年，加利福尼亚州立工业大学微生物学教授保罗·坎诺首次尝试从与恐龙生活在同一时代的琥珀中的昆虫中提取基因。

电影中借助一只蚊子体内的恐龙血复活的恐龙

琥珀中的蚊子

令人惊奇的是，他不久即从一只有 4000 万年历史的蜜蜂体内提取了基因样本。随后，美国自然历史博物馆的研究人员恢复了一只远古白蚁的基因。看上去，当代的科学家似乎要不了多久即能获得恐龙的基因。但是，这些最初的试验都以失败告终。科学家不能复制他们的成果，导致外界纷纷猜测，这个被恢复的微小碎片事实上只是污染物，也许来自于研究人员的头发或衣服。

在琥珀中寻找远古基因的努力被迫放弃，看来，通向历史的大门尚未被成功开启。不过此后，寻找史前基因碎片的研究人员成功恢复了一些古生物的基因，如有约4万年历史的猛犸象和约4.5万年历史的穴居人骨。但研究人员对能否重建恐龙基因仍存在疑虑。2003年，希望再次被点燃。

◎ 发现保存完好的恐龙肉

在《侏罗纪公园》一片中担任顾问的霍纳领导一个研究小组，从蒙大拿州挖掘出一具有6800万年历史的霸王龙骨骼化石，并从中获得一项重大发现。由于霸王龙化石的出土地点十分偏僻，只好通过直升机进行搬运。如此一来，研究小组只得将霸王龙庞大的大腿骨分成两份。霍纳将其中一块交给了他的学生——古生物学家施薇兹。在对这块化石进行仔细观察时，施薇兹发现在其硬硬的外壳内有一个奇怪的结构。该结构的图形与只有在怀孕鸟类骨骼中才能看到的图形很相像。施薇兹对此甚为不解，于是让她的助手詹妮弗·维特米尔将外面那层矿物质溶解。

在溶解的过程中，该研究小组才明白，他们所发现的物质看来是霸王龙身上保存完好的肉。霍纳说："想不到竟可以发现软组织。以前的猜测是，霸王龙全身都已成了化石。"

科学家正在挖掘恐龙化石

许多科学家认为，来自生物体内的有机物不可能存活10万年以上——何况是6800万年了。随后，霍纳的研究小组尝试从保存在蒙大拿州立大学储藏室的其他骨头上提取DNA。他们将收集来的样本放在一个高倍显微镜下。在放大4000倍之后，这个微小的结构很显然并不像是矿化的化石材料。它们看似是构成恐龙骨骼的显微细胞——骨细胞。

目前科学家认为，化石中的有机分子在超过10万年后就不能保存下来。科学家希望能进一步研究，以准确揭示从这些化石骨头中分离出的软组织的构成究竟是什么。如果这些软组织是由有机细胞构成的话，那么这些细胞中就仍旧保存有基因信息。科学家表示，如果能从这些物质中提取蛋白质，就有可能会获知恐龙生活的细节。

> **趣味点击**　　霸王龙
>
> 霸王龙是一种大型的肉食性恐龙，身长约13米，臀部高度约4米，体重约6.8吨。霸王龙生存于白垩纪末期的马斯特里赫特阶最后300万年，距今6850万年到6550万年，是白垩纪－第三纪灭绝事件前最后的恐龙种群之一。霸王龙化石分布于北美洲的美国与加拿大西部，分布范围较广。

◎鸟类的祖先是恐龙？

从目前来看，霍纳的研究小组取得这样的成就已经相当不错。但霍纳渐渐认为，若想成功复活恐龙，那么他的小组需要将手头的工作倒过来。虽然这项有关"活"恐龙组织的发现令他们兴奋不已，但霍纳担心，绘制完整的恐龙基因图谱的努力将永无尽头。于是，他采取了新策略：对鸟类实施"逆向工程"。古生物学家普遍认为，鸟类起源于被称为肉食鸟的兽角类恐龙。霍纳说："如果我们希望在有生之年看到恐龙，我们就需要从鸟类开始，往前追溯。只要有鸟存在，我们就能够揭开恐龙的面纱。"

20世纪90年代，科学家在中国发现了埋于泥土中的恐龙化石，它们保存得极为完好，可以辨别出类似鸟类的特征，包括爪、羽毛等。霍纳认为，现代鸟类的DNA隐藏有遗传记忆，这种遗传记忆或能再次"开启"，用以重建长久处于休眠状态的恐龙特征。为使恐龙这种庞然大物死而复生，霍纳用鸸鹋的基因组开始了他的尝试。鸸鹋是一种体型庞大、不会飞的澳大利亚鸟。

鸸 鹋

霍纳说："鸸鹋具备我们所要重建的身躯如迅猛龙一般大小的恐龙的所有特征。如果我们打算复活恐龙，那么我们应该以此为起点展开研究。"尽管霍纳的研究工作听起来有些牵强，但他还是得到了一些著名专家的支持。遗传学家肖恩·卡洛尔表示："鸟类的基因总量可能与恐龙的基因总量存在诸多相似之处。发育阶段产生的决策差异造就了最终是鸡还是霸王龙的差异。"

无独有偶，加拿大科学家也在进行复活恐龙的研究。加拿大麦吉尔大学古生物学家拉尔森于2007年11月对1.5亿多年前"恐龙的长尾如何进化为鸟类短尾"进行了研究。通过分析只有两天大的鸡胚胎，拉尔森获得了一个出人意料的重大发现。拉尔森原本认为正在发育的脊骨将会有4～8个椎骨，但他在显微镜下却发现了16个椎骨——这显然是爬行动物的尾巴。随着胚胎慢慢发育，"尾巴"变得越来越短，直至只有5个椎骨的雏鸡破壳而出。

拓展阅读

白垩纪

白垩纪是地质年代中中生代的最后一个纪，长达8000万年，是显生宙的最长一个阶段。白垩纪因欧洲西部该年代的地层主要为白垩沉积而得名。白垩纪位于侏罗纪和古近纪之间，距今6550万年至1亿3700万年。发生在白垩纪末的灭绝事件，是中生代与新生代的分界。

据专家大胆推测，如果研究人员能够从这些恐龙软组织中分离出特定蛋白质，或许就能进一步了解恐龙的生理构造，甚至从中提取恐龙的 DNA 也"不是完全没有可能"。科学家们现在还不确定能否取得恐龙的 DNA，不过从目前的进展看来，希望很大。专家指出，如果真的能提取到恐龙的 DNA，那么类似科幻电影《侏罗纪公园》中恐龙复活的情节或许将"真实上演"。但是中国专家提出了几点质疑：

1. 内部 DNA 很难测定。北京自然博物馆的一位古生物专家告诉记者，目前发现的白垩纪晚期的恐龙化石一般都属于动物硬体化石。他认为，像恐龙这样如此久远的动物的肌肉、皮肤等只有在特定条件下木乃伊化之后才可能保存下来，在俄罗斯的北极永久冻土带就曾发现过猛犸象的肌肉组织。他表示，即使真的能发现恐龙化石中保存的结缔组织、软骨组织等，这些软组织也可能在漫长的演化过程中硬化后保持完整的外形，但内部的 DNA 则很难测定。

结缔组织

结缔组织是人和高等动物的基本组织之一，由细胞、纤维和基质组成。细胞有巨噬细胞、成纤维细胞、浆细胞、肥大细胞等。纤维包括胶原纤维、弹性纤维和网状纤维，主要有联系各组织和器官的作用。基质是略带黏性的液质，填充于细胞和纤维之间，为物质代谢交换的媒介。纤维和基质又合称"间质"，是结缔组织中最多的成分。结缔组织又分为疏松结缔组织、致密结缔组织、脂肪组织等。

2. 恐龙的 DNA 可能是线粒体 DNA。中科院北京基因组研究所 DNA 信息提取专家邓亚军博士告诉记者，根据常识判断，如果确实有恐龙 DNA 信息被提取出来，其 DNA 片断很有可能是线粒体 DNA，即细胞质 DNA。邓亚军介绍说，生物体 DNA 可以分为细胞质 DNA 和细胞核 DNA，其中细胞核 DNA 是生物体遗传信息的主要载体，而细胞质 DNA 只负责表达部分遗传功能。

3. DNA 未必能送来活恐龙。这些片断能为我们送来活恐龙吗？邓亚军表示，如果人类真的希望复制恐龙，那么首要的就是确保获得完整的恐龙遗传信息，而做到这一点就非常难。似如，怎么在保证不受外源污染的情况下，通过一系列如聚合酶链式反应（PCR）扩增等科学手段得到尽可能多的恐龙细胞核 DNA 的信息，怎么修补 DNA 信息缺失的部分。如果在这一过程中发生任何错误，那么复制恐龙就是一句空话，甚至会导致复制出无法想象的怪物。

4. 复活恐龙是否干预自然。一方面是科学家在欢呼找到了复制恐龙的线索，而另一方面，已经有人提出科学家是否应该复制恐龙的问题？对此清华大学自然科学史专家刘兵教授认为，如果复制恐龙是一种局部可控的实验室行为，那么作为学术研究无可厚非。但如果期

恐龙骨架

望通过复制恐龙人为改变自然过程，那么这种行为就必须受到制止。他说，复制出的是真恐龙还是某个怪物？复制出的恐龙会在现在的自然环境中出现哪些反应？这些问题都没有人能回答。他表示，事实上在《侏罗纪公园》原著中，作者已经通过灾难性场景的描写表达出了一种对人类人为干预自然进程的深层次担忧。

猛犸象干尸的发现

据英国媒体报道，一位驯鹿牧人在亚马尔半岛的西伯利亚冻土带发现了一具猛犸象木乃伊。这具猛犸象木乃伊历经 1 万多年的时间却保存非常完好，身上披着软软的毛，四肢和微微上卷的象鼻保存完整，双目紧闭且完好无缺，

看上去就像是一只熟睡的小象。

考古学家们认为，这是两个世纪以来出土的保存最为完整的猛犸象标本。这头小猛犸象身高约1.3米，重约50千克，这表明它死时年纪在半岁到1岁之间。尽管有迹象表明它曾与捕食者或其他猛犸象发生过冲突，但是科学家们还是找不出这只猛犸象的具体死因。这一发现让猛犸象研究专家们大为惊喜，因为它为科学家们了解这种史前巨型动物的生活方式提供了新的线索，科学家们甚至希望能从其身上提取DNA克隆出一只猛犸象，从而使这种已经灭绝数万年的动物重见天日，重新生活在这个地球上。

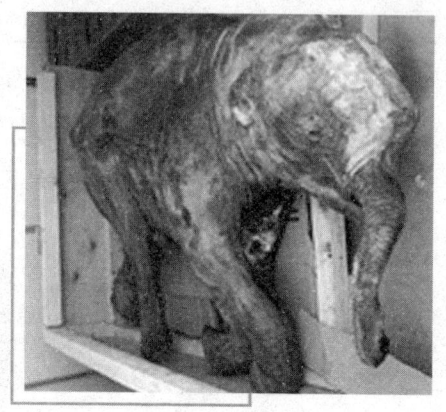

西伯利亚发现万年猛犸象干尸

俄罗斯科学院动物学研究所的亚利克斯·特克洛夫负责对这只猛犸象进行初步检查，他表示："除了尾巴被咬掉外，这头猛犸象身上没有一处伤痕。但是，无论如何就其保存的完整状况而言，这可以称得上世界上最宝贵的发现。"要保持猛犸象身体组织的活性，就必须迅速将其埋入泥浆、淤泥或流动的土地中，这样尸体才能迅速冻结。他表示："目前，关于这只小猛犸象的死因我们还不得而知，但是，它有可能是落入岩石缝或洞穴中，在被泥土掩埋后冻结。"这具猛犸象的尸体正被送往日本进行碳定年，以确定其死亡时间。科学家们还将使用电脑扫描，对其内部器官和骨骼进行研究。由于这是一具猛犸象木乃伊，因此尸体腐烂的可能性还是比较小的。

影视作品中的猛犸象和剑齿虎

一旦科学家们从猛犸象身体

组织的某个细胞中提取出完整的 DNA 序列,他们就可以成功地进行猛犸象克隆。在提取出猛犸象的 DNA 后,科学家们将使用电流将其与现代大象的卵细胞融合,然后将卵子植入一头大象的子宫内,经过 21 个月的孕育后克隆猛犸象就可以分娩产出。科学家已经成功地运用这种技术克隆出许多种动物,包括绵羊、猪、牛、猫、狗和山羊,但还未克隆过大象。亚利克斯·特克洛夫相信,理论上克隆出一头猛犸象是可能的。然而,他说:"我认为没有必要进行这种克隆。猛犸象是一种高级的群居动物,因此我们不可能耗费大量的时间和金钱来克隆一群猛犸象,并将它们养在动物园中。目前,我们要做的应该是保护好现存的象群。"

猛犸象生活在北半球的第四纪大冰川时期,距今 300 万~1 万年,它们的身高一般有 5 米,体重 10 吨左右,以草和灌木叶子为生。猛犸象身披长毛,可抵御严寒,一直生活在高寒地带的草原和丘陵上。猛犸象曾是石器时代人类的重要狩猎对象,在欧洲的许多洞穴遗址的洞壁上,常常可以看到早期人类绘制的它们的图像。这种动物一直活到 1 万年以前,在阿拉斯加州和西伯利亚的冻土和冰层里,曾不止一次发现这种动物冷冻的尸体,包括带有皮肉的完整个体。猛犸象是一种生活在寒代的大型哺乳动物,与现在的象非常相似,所不同的是它们的象牙既长又向上弯曲。从侧面看,猛犸象的背部是身体的最高点,从背

拓展阅读

第四纪大冰期

第四纪大冰期是地质史上距今最近的一次大冰期。该时期寒冷气候带向中低纬度地带迁移,使高纬度地区和山地广泛发育冰盖或冰川。这一时期始于距今 200 万~300 万年前,结束于 1 万~2 万年前。这一时期冰川规模很大,在欧洲冰盖南缘可达北纬 50 度附近;在北美冰盖前缘延伸到北纬 40 度以南;南极洲的冰盖也远比现在大得多;赤道附近地区的山岳冰川和山麓冰川,都曾经向下延伸到较低的位置。

部开始往后很陡地降下来,脖颈处有一个明显的凹陷,表皮长满了长毛,其形象如同一个驼背的老人。

阿拉斯加州

阿拉斯加州是位于美国西北太平洋沿岸的一个州,是第49个加入美利坚合众国的州,也是美国最大的州、世界最大的飞地地区,该州的邮政缩写是AK。

猛犸象生活到距今1万年的时候突然全部灭绝,科学家们认为,猛犸象生殖与死亡之间的平衡遭到破坏,导致其数量就会不可避免的迅速减少直至灭绝。这是大自然的本身淘汰规律,并非对猛犸象不公平。

日本神户发育生物学研究中心的科学家们曾完成过冷冻死亡老鼠的克隆实验,并成功使一只已死亡并冷藏了16年的老鼠产生了新的生命。科学家们宣称他们的研究成果将能够造福人类,还可以让一些早已灭绝的动物,比如猛犸象和剑齿虎等复活。但克隆实验却受到了一些科学家的批评与指责。批评者认为,实验结果会令公众惶惶不安,因为随着这一实验的成功,人类克隆已近在咫尺,也许只是时间问题。如果有人愿意将死亡的亲戚复活,就可以把其尸体冰冻储藏起来以待克隆。这将可能导致产生一个恐怖的新行业——克隆行业。

影视作品中的猛犸象

也许克隆人可以拥有完整的回忆,也许还可以克隆出一个除了外表不同其他完全相同的个体。这是自克隆羊"多莉"出生后的最新克隆研究成果。此前科学家们虽然成功克隆了各种动物,但他们始终都是采用动物的活细胞进行克隆。有人认为,冰晶会破坏冰冻细胞的DNA,使它们丧失机能。但是,日本科学家们利用的是冷冻动物的大脑细胞,他们认为大脑的高脂肪以及头骨可以有效地保护脑细胞,减小被冰晶破坏的可能性。英国生殖伦理评论家约瑟芬·昆塔瓦莱认为,日本科学家的克隆实验已经走向了可接受科学的边界。"这样的研究提出了一个令人不安的问题。我们死后,如果将遗体捐献给医疗机构用于医学研究的话,多年后也许可能会被用作克隆研究。"但英国科学家们却对日本的突破性研究成果持欢迎态度。

英国生物学家马尔科姆·艾莉森教授认为,"利用冰冻了16年之久的老鼠细胞克隆出新的生命,这与当年"多莉"出生采用的是同样技术。但为什么一些灭绝动物不能同样克隆呢?科学家们一直未能找到原因。"克隆冷冻鼠的实验由日本神户发育生物学研究中心若山照彦博士等科学家具体实施。他们从一只普通的雄性死亡老鼠的身上提取脑细胞并剥离出细胞核。然后,他们将剥离出来的细胞核与一个卵细胞结合,完成人工授精。当卵细胞受电流激活后,开始分裂并长成一个新生命胚胎。数日后,胚胎被置入代孕雌鼠的子宫之内。三周后克隆幼鼠出生。据研究人员介绍,克隆幼鼠并未出现任何畸形,而且已进入成年期。

自克隆羊"多莉"诞生之后,科学家就一直希望能利用这种技术克隆出已经濒临灭绝的哺乳动物,但是用克隆技术挽救濒危动物面临着很多难题。首先,现有的克隆技术往往需要很多该动物的卵细胞,而与之相矛盾的是,越是稀有的动物,其卵细胞也就越难以得到。"多莉"就有3个妈妈:一个提供乳腺细胞,一个提供未受精卵,一个负责将胚胎抚养成小羊羔。虽然科学家们已经在异种克隆方面做了很多工作,但是无法从初期实验的顺利进展中推断是否能最终获得圆满的结果,迄今为止还未成功通过这种方法复制动物。

袋狼是什么狼？

袋狼，早在几十年前就已经被正式宣布灭绝，因其身上斑纹似虎，又名塔斯马尼亚虎，其祖先可能广泛分布于新几内亚热带雨林、澳大利亚草原等地。袋狼属于有袋类，和袋鼠一样，母体有育儿袋，产不成熟的幼仔，并且为夜行性。5千年前，澳洲野犬随人类进入澳大利亚，与食性相同的袋狼发生争斗，袋狼随后从新几内亚热带雨林和澳大利亚草原渐渐消失。

袋 狼

科学家提取了袋狼的DNA材料，将它注入老鼠的晶胚中，发现它在这个晶胚形成软骨和其他骨骼的过程中发挥了重要作用。澳大利亚墨尔本大学的安德鲁·帕斯克教授领导了这项研究，他说："这是第一次利用从灭绝物种中提取的DNA，诱使另一种活的有机体产生功能性反应。随着越来越多的动物走向灭绝，我们正在不断地失去对基因功能及其潜力的了解。"所以，这项新研究可帮助扭转这一局面。

热带雨林

热带雨林是地球上一种常见于北纬10度至南纬10度热带地区的生物群系，主要分布于东南亚、澳大利亚、南美洲亚马孙河流域、非洲刚果河流域、中美洲、墨西哥和众多太平洋岛屿。根据世界自然基金会对各种生物群落的分类，热带雨林或热带湿润阔叶林，亦可被归类为赤道低地常绿雨林，因此热带雨林又称赤道雨林。

在影片《侏罗纪公园》中，科学家通过重新激活被保存下来的恐龙的 DNA，让恐龙重新出现在地球上。一些科学家早就建议，像影片中描述那样，利用克隆技术，让袋狼复活。其他科学家对此则持怀疑态度，他们指出，克隆所需的 DNA 不太可能保存得足够好。

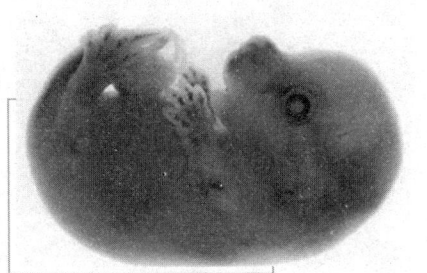

老鼠胚胎

这项最新研究证明，从灭绝动物体内提取的 DNA 能够重新激活。袋狼体长约 1.52 米。20 世纪初，野外的袋狼被猎杀光了。1936 年，圈养的最后一只袋狼在塔斯马尼亚岛上的霍巴特动物园里死去。但是一些袋狼幼崽标本被完好地保存了下来。

安德鲁·帕斯克的科研小组提取了 DNA 片断，挑选出一种"增强子"和一种能产生胶原质的基因。虽然它本身并不是一个基因，但是这个成分能帮助基因发挥功能。将这个 DNA 放入老鼠晶胚内，它会被"开启"，并帮助软骨（形成骨骼的最初阶段）发育。科学家表示，该研究对了解已经灭绝的动物的生物学特性有很大帮助。

伟大的基因工程

基因探寻世界未解之谜

　　我们生活的世界是一个充满谜团的世界,虽然人类认识世界的历史已经几千年了,但是,面对大自然各种神奇的现象,我们依然无法全部作出解释。基因的世界也是如此的深不可测,任凭各国科学家不断地去研究,依然只是获得有限的认识。

　　科学的精神是不断地探索和发现。在基因王国里,人类已经开启了一扇大门,自从孟德尔发现遗传现象到现在已有百余年之久,人类在基因领域取得了重大突破。科学家们利用基因来治疗病痛,生产高效药物,培育高产农作物品种。基因的利用已经深入人类生活的方方面面。相信有一天,人类征服诸如艾滋病、癌症、糖尿病等病痛,创造更为神奇的手段来延长寿命的梦想都是可以实现的。

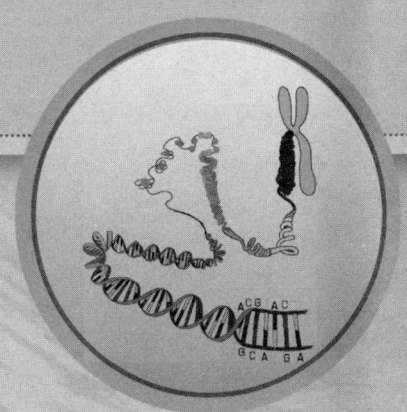

左撇子更聪明吗？

人们在互联网上搜索"左撇子"，能够找到很多项符合的条目。可以看出人们对左撇子的关注度很高。在网上，人们也可以很容易地找到左撇子论坛，左撇子在那里集群，形成了一个独特的现象。很多帖子都以类似"未来是属于我们左撇子的""左撇子的人生计划"为题。与此同时，许多父母却无法接受自己孩子善于使用左手的事实，与遗传的天性做着斗争。那么左撇子真的比右撇子聪明吗？

美国哈佛医学院的一位神经病学家指出，左撇子是因睾丸素太多或胎儿对睾丸素太过敏感造成的。他认为，睾丸素使得大脑右半球占支配地位，结果成为左撇子。

◎ 盛产天才的一族

马克·吐温

当克林顿当选美国第42届总统时，美国左撇子协会发表声明，说这是左撇子在人类历史上的又一次伟大胜利。在历任美国总统中，左撇子是最风光的一个群体。在美国200多年的历史中，有约1/6的时间由左撇子治理。

不仅在政治领域，左撇子在科学、文化、艺术、经济等领域都出过举世瞩目的天才。相对论提出者爱因斯坦，发现万有引力定律的牛顿，镭的发现者、两次获诺贝尔奖的波兰女科学家玛丽·居里，美国讽刺小说家马克·吐温，德国国宝级诗人歌德，喜剧大师卓别林，英国甲壳虫乐队主唱保罗·麦卡特尼，世界首富比尔·盖茨，石油大王、有史以来首位亿万富翁约翰·洛克菲勒，这些不凡的人才都用左手创造出了一个全新的世界。

> **基本小知识**
>
> ### 玛丽·居里
>
> 玛丽·居里（1867—1934），世界著名科学家，研究放射性现象，发现镭和钋两种天然放射性元素，一生两度获诺贝尔奖（第一次获得诺贝尔物理奖，第二次获得诺贝尔化学奖）。作为杰出科学家，玛丽·居里有一般科学家所没有的社会影响，尤其因为她是成功女性的先驱，所以她的典范激励了很多人。

这些是否都能够证明左撇子比常人更加聪明呢？美国科学家的一篇论文指出，左撇子在进行快速、困难且需要大量吸收资讯的活动时，思考速度确实略胜惯用右手者一筹，因为他们善于大脑左右半球并用。一项有关神经心理学的研究结果显示，左撇子的左右脑联系比较迅速，大脑内资讯的流通较快，在应付多重刺激时也变得更有效率；在处理困难且复杂的资讯的时候，左撇子的思考速度确实较惯用右手者为快，在运动方面的反应速度也比较敏捷。

◎走进左撇子的世界

几乎各个民族和不同时代，都有纠正左撇子的习惯。在东方，手的两项最主要动作———用筷子和写字，对于天生惯用左手的人，前者多在儿时已在家中被要求改正，而后者又往往在学校被强行纠正。不过不管如何纠正，这些人天生惯用手仍是左手。

中国科学院某教授认为："目前中国还没有确切的数据和研究显示左撇子

伟大的基因工程

比常人聪明。我在美国呆了 12 年，个人估计美国大概有 40% 的人是左撇子。美国人并不觉得左撇子有什么特别之处，而是把它当作一个正常的现象。其实人的聪明程度和是左撇子还是右撇子完全没有关系。天才的成功更多的是依靠努力。"这位教授还表示，中国的左撇子人数占全国总人口数比例较小，物以稀为贵，这可能使得左撇子人群更加受关注。当左撇子作出成绩的时候，就会给人留下左撇子比常人聪明的印象。其实，人的聪明程度和是左撇子还是右撇子完全没有关系。

左撇子键盘

左撇子这种现象还引发了商机。由于大多数日常用品都是根据右手习惯设计的，市场上专门为左撇子开发的用品非常少，所以，有心创业的人士从这里入手，开设左撇子用品店，取得了不错的收入。北京的张先生就在互联网上开了一家左撇子用品商店，出售左撇子剪刀等用品。张先生表示，在国外已经有很多这样的商店，但是中国却很少。中国也有左撇子，他们也需要左撇子用品，只要做好宣传和调查工作，左撇子用品商店是有广阔市场的。

基本小知识

互 联 网

互联网，即广域网、局域网及单机按照一定的通讯协议组成的国际计算机网络。它将两台计算机或者是两台以上的计算机终端、客户端、服务端通过计算机信息技术的手段互相联系起来，使人们可以与远在千里之外的朋友相互发送邮件、共同完成一项工作、共同娱乐。互联网并不等同万维网，万维网只是一个基于超文本相互链接的全球性系统，且只是互联网所能提供的服务之一。

◎ 左撇子的教育和发展

调查显示，我国的左撇子人口占到总人口的7%左右。也就是说，在许多家庭中，都存在着习惯用左手的孩子。如何教育习惯用左手的孩子，成为家庭教育的一大问题。

"中国的左撇子没有那么多，是因为很多人都在小时候被纠正了过来。"中科院某教授表示。中国社会向来有一种强烈的要求整齐划一的传统，左撇子作为"异类"承受着被迫改变的巨大压力。父母们用尽心思，绞尽脑汁要改正孩子使用左手的习惯。

对此，该教授表示，应顺其自然。从小善于用左手活动的人，其右侧大脑半球随着时间的推移而发展成为"优势半球"，如果强迫左撇子改为右撇子，则已经建立的右侧"优势半球"要改为左侧，可造成原来的语言中枢功能紊乱而出现口吃，甚至有的孩子出现唱歌时曲调走样、口齿不清、发音不准等现象。改左撇子为右撇子，不仅仅是"矫枉过正"，更会造成孩子生理和心理的不适与混乱，对孩子的智力发展极为不利。

美国哈佛医学院所做的一项试验表明，强迫孩子改用右手的成功率仅有5%，其余95%的孩子会在心理上产生阴影而影响其一生。

人类利他行为与基因有关

以牺牲个人利益来成全他人的"利他主义"，在高等动物和人类身上都存在着，但人类的表现更为突出。由以色列希伯来大学心理学家爱伯斯坦领导的研究小组通过长期研究，从遗传学角度，首次发现了促使人类表现"利他主义"行为的基因，其基因变异发生在11号染色体上。

由于人和动物在表现"利他主义"行为时，往往会冒着伤害自身利益的风险,而这并不符合进化论规律,因而早已成为进化理论研究中的一个重要课题。长期以来,科学家一直对"利他主义"的来源孜孜以求,甚至连达尔文也研究过此类问题。

爱伯斯坦说,他们在20世纪90年代曾经发现过一种被称为"冒险"的基因。这次他们从354个有多个兄弟姐妹的家庭中,选取血液标本,向受测试者提问,并按照所获取的信息,划分其无私行为(一种测量"利他主义"的方法)的等级。由于调查问答和验血采用匿名方式,因此受测试者无须为自己标榜,从而可以获得较为准确的数据。为进一步求证得出的结论,研究人员还通过具有奖罚性质的经济游戏,来观测人们是否表现出"利他主义"的行为,然后再检测他们的基因变异情况,进行比较后发现,确实有"利他主义"基因存在。

多巴胺

多巴胺是一种用来帮助细胞传送脉冲的化学物质,为神经递质的一种,可影响一个人的情绪。这种神经递质主要负责大脑的情欲、感觉,它可将兴奋及开心的信息传递,也与上瘾有关。爱情的感觉其实就是脑里产生大量多巴胺作用的结果。所以,吸烟和吸毒都可以增加多巴胺的分泌,使上瘾者感到开心及兴奋。

调查发现,大约有2/3的人携带有"利他主义"基因。有趣的是,"冒险"基因的变异情况与是否吃药、吸烟以及其他刺激行为有关。并且,它与"利他主义"基因可以促进多巴胺被人体接受。有所不同的是,"冒险"基因的变异则减少了多巴胺的表现。尽管妇女在哺乳等社会行为中表现出更多的利他行为,但调查并没有发现妇女的"利他主义"基因比男人多。

研究人员指出,"利他主义"基因可能是通过促进受体对神经传递多巴胺的接受,给予大脑一种良好的感觉,促使人们表现利他行为的。这意味着多巴胺在忠实于社会道德准则的利他行为中发挥着十分重要的作用。研究人员认为，拥有"利他主义"基因的人可以承担好的工作，因为他们可以在工作中发生更多利他行为。

这种"利他主义"基因是第一次被发现，但研究人员认为，一定还有其他"利他主义"基因有待发现。而且，"利他主义"基因只是决定人类表现利他行为的一部分原因，另一部分因素则来自外界环境的影响，如教育等。

人类智慧起源之谜

人的智慧从哪里来？这是未解之谜。

"这是个有意思的发现。"中国科学院昆明动物所宿兵研究员面对基因树叉上的一个分点兴奋地说。

这个点代表了一个关键的基因，它的学名叫作垂体腺苷酸环化酶激活肽（PACAP）前体基因。

在四分五裂最终形成如万花筒般的基因树上，这个点出现在人和近亲黑猩猩分化的瞬间。通过试验宿兵发现，分化之后，这个奇怪的基因，只在人脑中得到了充分发展与进化，而在黑猩猩的脑袋里这个基因却"消失"了。

为什么人能够成为人，而黑猩猩永远只是黑猩猩？是什么让人更加有智慧，并且具有远远超越黑猩猩的创造力和认知能力？

当发现了这个基因之后，宿兵开始了一个大胆的设想：在人和黑猩猩分化之后，垂体腺苷酸环化酶激活肽前体基因在人脑中快速发展，而在黑猩猩脑袋里却停滞不前。也许，垂体腺苷酸环化酶激活肽前体基因正是导致人类具有智慧的关键因素。

宿兵所做的课题是"人类智慧起源的分子基础"。他认为这一发现有助于帮助我们揭开人类智慧起源之谜。他的相关研究论文曾在美国《遗传学》杂志上发表，而且《科学》杂志也进行了报道。

伟大的基因工程

这项研究成果受到了国际科学界的重视。美国伊利诺伊州芝加哥大学的一位遗传学家认为，垂体腺苷酸环化酶激活肽前体基因在人类和黑猩猩之间的差异是"非常令人关注的"。他表示，"这项研究在促成人类大脑进化的候选基因名单上又增添了一个新的成员"。

人的智慧从哪里来？这是一个古老的话题。过去我们常说"劳动创造了人，使人变得聪明"。但是，驱动这一切成为可能的智慧"原力"又是来自哪里？正是基因研究的深入，让科学家们相信：某些基因在人类进化过程中发挥的作用更具决定力。

◎基因差异导致人类与黑猩猩分离

之所以选择黑猩猩作为这项研究的对象，宿兵介绍，当然是因为黑猩猩足够聪明。对黑猩猩的大脑基因进行研究，通过分析比较大脑发育基因的差异，将有助于解释从黑猩猩到人在认知能力上的飞跃。

黑猩猩被当成是人类的近亲，就连"黑猩猩是否应该算人类"的话题，也曾经在科学界引起过激烈讨论。

2003年，美国韦恩州立大学的科学家古德曼及同事提出一个令人极其惊讶的建议：应当将黑猩猩归入人属。这一建议提出的背景是：古德曼等人选取人、黑猩猩、大猩猩、猩猩、旧大陆猴和鼠为研究对象，比较了这6个物种在97个功能基因上的差异程度。分析结果发现，在编码功能基因的DNA序列方面，黑猩猩与人的相同之处可达99.4%，最为接近。

这一建议立即在科学界引起争论。如美国加利福尼亚理工学院科学家布里滕的研究显示：黑猩猩与人类遗传信息上的差异可能达到5%，高于科学家普遍认为的差异程度，因此古德曼等的建议争议很大。

一项由上海科学家参与的全球研究在破译了黑猩猩的第22号染色体后推断，黑猩猩在进化过程中比人类丢失了更多的DNA片段，这可能是造成两者诸多差别的重要原因。这也被看成是人类和黑猩猩拥有同样的祖先，但黑猩猩最终未能进化为人类的原因所在。

虽然光在基因水平上很难对一个人和一只黑猩猩作出判断，但是在对两者的大脑和行为进行对比后，就会发现差别是显而易见的。科学家们认为，一定有一种与大脑发育有关的重要基因的进化可以有助于解释这一区别。

◎ 进化树上的神秘基因

宿兵研究员介绍，在他所做的实验中发现，当人类与黑猩猩在进化树上"分道扬镳"后，垂体腺苷酸环化酶激活肽前体基因在人类的"家系"中以一种反常的速度进行着演化。

在演化过程中垂体腺苷酸环化酶激活肽前体基因做出了大量工作：它曾经编码了多种不同蛋白质。宿兵推测，它所编码的蛋白质在神经细胞的传递中扮演了不同的角色，并且对于小脑的正常发育和影响脑细胞的转移起到了关键作用。

特别值得一提的是，另一个名为"未知领域"（UD）的基因序列还显示该基因曾经在人类的进化过程中发生了极为迅速的变化———其速度大约是UD基因在其他哺乳动物体内演化速度的7倍。

UD基因曾经在进化过程中得到了优先选择。"这就是达尔文正选择。"宿兵介绍。达尔文正选择是生物学名词，简单地说就是有利的被选择，不利或致死的被淘汰。

宿兵推测，这个基因在人脑中发生的适应性变化，极有可能和人类智慧起源有着密切的关系。

由此他们又预测："可能在人的神经里，产生了新的多肽，和一般的黑猩猩明显不同，这是一种有活性的新的神经肽，而在非人类的灵长类动物中并没有。"

宿兵说："我们认为，垂体腺苷酸环化酶激活肽前体基因这个基因与人类智慧起源有着密切的关系。"宿兵又说："它的出现究竟产生了怎样的作用，这个基因的独特功能以及体制，将是我们下一步要继续深入的工作内容。"

◎ 基因让黑猩猩不如人聪明

人和猿的分化是在500万年前，黑猩猩是和人最接近的动物。在此前的基因研究中，科学家们倾向认为，人与黑猩猩的差别不大，只有大约2%的差异。但是，正是这大约2%的基因差异使得人与黑猩猩的智力、行为、心理和生理变得差之毫厘，失之千里。

婴儿与黑猩猩

但是，从神经语言学、神经心理学等高级神经活动和心理活动来看，人与黑猩猩的差距并不是有好几个数量级的差异，而可能是人类的婴儿与成年人的差别。有几个事实可以说明问题。

据美国和法国科学研究小组的研究发现，给婴儿和黑猩猩讲日语和荷兰语，两者都不懂词的意义，但两者都能区分它们是日语还是荷兰语。研究人员还不能确定是否是靠提示才使得婴儿和黑猩猩区分这两种语言，只是在倒着说日语和荷兰语时，黑猩猩和婴儿都不能区分这两种语言，这表明他（它）们的神经在处理语言的输入方面确实有相同的机理。这个事实也说明，婴儿的语言能力与黑猩猩的语言能力在某些方面差不多，据此可推断黑猩猩的智力在某些方面可能相当于婴儿。语音处理并不是人类所特有的能力而是所有灵长类动物的能力，而且收听节奏等语言特征的能力可能是来源于同一灵长类的进化历史。因此，从黑猩猩的许多行为与智能可以推知人类的童年。

基因研究发现，人和黑猩猩共同的祖先可能拥有比两者都更长的染色体，人之所以比黑猩猩聪明，是因为两者分化后黑猩猩比人缺失了更多的DNA片断。这一推断建立在以中、日、德等国科学家为主的国际研究协作组的"黑猩猩22号染色体测序和比较基因组学分析"上。国际研究协作组的研究成果是：①黑猩猩的第22号染色体和对应的人的第21号染色体之间，单个碱基差异为1.44%，明显高于以往的人们的判断；DNA片断的插入和缺失达6.8万个，导致人的第21号染色体要比黑猩猩的第22号染色体长40万碱基对。这些数据将来可用作解释人类和其他动物的区别。②231个表达基因中，83%的基因表达蛋白质有氨基酸系列的变化，有21个基因在人和黑猩猩的脑和肝脏的表达上有1.5~10倍的明显差异，这差异可能与两者对某些疾病的易感性相关。

拓展阅读

氨基酸

氨基酸是构成蛋白质的基本单位，它赋予蛋白质特定的分子结构形态，使蛋白质的分子具有生化活性。蛋白质是生物体内重要的活性分子，包括催化新陈代谢的酵素和酶。不同的氨基酸脱水缩合形成肽，是蛋白质生成的前体。

艾滋病病毒从哪里来？

艾滋病的病原体呈球形，遗传物质为单链RNA。RNA外面有一层起保护作用的蛋白质衣壳，衣壳外面有由脂类、蛋白质和糖类组成的包膜。艾滋病病毒含有逆转录酶，此酶利用RNA作为模板合成DNA。当艾滋病病毒感染某个细胞时，病毒的包膜和衣壳脱去。在逆转录酶的作用下，单链的RNA被用作模板形成一个RNA-DNA杂合分子，又以RNA-DNA杂合分子中的DNA作为模板形成一个DNA链，最后又以此链作为模板形成双链DNA分子。此DNA分子整合到寄主细胞的DNA中，从整合的病毒DNA中产生子代病毒。艾滋病病毒首先

伟大的基因工程

侵入人体的淋巴细胞进行大量繁殖，使之失去识别外来抗原的能力，从而造成人的免疫缺陷。故该病毒侵染人体免疫系统后引起的病，称为获得性免疫缺陷综合征，简称艾滋病。

艾滋病病毒可破坏人体的免疫能力，导致免疫系统失去抵抗力，使各种疾病及癌症得以在人体内生存，发展到最后，导致艾滋病。艾滋病病毒会整合到宿主细胞的基因组中，而目前的抗病毒治疗并不能将艾滋病病毒根除。在2004年底，全球艾滋病流行状况最为严重的仍是撒哈拉以南的非洲，其次是南亚与东南亚，但该年涨幅最快的地区是东亚、东欧及中亚。

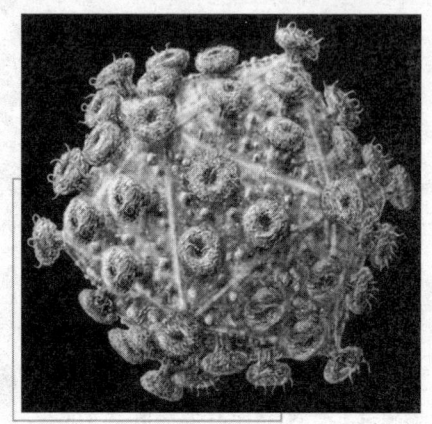

艾滋病病毒

知识小链接

淋巴细胞

淋巴细胞是白细胞的一种，由淋巴器官产生，是机体免疫应答功能的重要细胞成分。淋巴器官根据其发生和功能的差异，可分为中枢淋巴器官（又名初级淋巴器官）和周围淋巴器官（又名次级淋巴器官）两类。前者包括胸腺、腔上囊或与其相当的器官（有人认为在哺乳动物是骨髓）。它们无须抗原刺激即可不断增殖淋巴细胞，成熟后将其转送至周围淋巴器官。后者包括脾、淋巴结等。成熟的淋巴细胞需依赖抗原刺激而分化增殖，继而发挥其免疫功能。

艾滋病病毒存在于感染的人的血液、精液或阴道分泌液中，以带病毒的体液进行传染，潜伏期可长达几年。早期艾滋病患者有低热不退、腹泻、消瘦、盗汗、疲乏等症状。晚期艾滋病有平时罕见的卡氏肺囊虫肺炎和卡波济氏肉瘤等，这两种并发症常成为艾滋病人死亡的主要原因。艾滋病是通过体液传播的，如吸毒。艾滋病已成为世界各国共同关心的问题，世界卫生组织把每年的12月1日定为世界艾滋病日，旨在通过宣传教育，提高人类的自我保护能力，以防止艾滋病的蔓延。迄今对艾滋病尚无特效疗法，根本的控制措施在于预防。

那么这么可怕的病毒究竟是来自于哪里呢？

1999年9月，《河源：追溯艾滋病病毒和艾滋病起源》一书，把原本就不平静的医学界搅得翻天覆地，热闹非凡。书中论及的是如今威胁人们生命与健康的头号瘟疫——艾滋病。

这本书的作者是一名叫作胡珀的记者，全书通篇是一份纪实报告。作者根据一些历史事件提出一种论点，即艾滋病最早暴发流行，是人们使用受艾滋病病毒（HIV）污染的脊髓灰质炎疫苗所致；今天引起人患艾滋病的HIV-1是艾滋病病毒亚型的一种，是中非人20世纪50年代末使用受污染的脊髓灰质炎疫苗（OPV）而带入人体的。这就是所谓脊髓灰质炎疫苗-艾滋病病毒（OPV-HIV）假说。

胡珀的假说将生物医学界卷入其中，引发了一场学术大争论，其规模之大不亚于20世纪80年代末90年代初，法国与美国关于艾滋病病毒发现权的旷世之争。

现在人们认为，艾滋病病毒亚型HIV-1来自黑猩猩，而艾滋病病毒亚型HIV-2来自黑白眉猴，但对艾滋病病毒怎样越过种属屏障，即从黑白眉猴、黑猩猩到人，有较大争议。胡珀在书中亦未对此作明确解释，但该书提供了一个证据——黑猩猩和黑白眉猴的肾，曾被用来生产脊髓灰质炎疫苗，只是制作疫苗的这一记录已无法找到。胡珀还据此推论说，医学研究人员用黑猩猩或黑白眉猴的肾细胞制作脊髓灰质炎疫苗，这种疫苗便被黑猩猩或黑白眉猴体内的艾滋病病毒污染了，而这种疫苗在20世纪50年代末消灭脊髓灰质炎的"战役"中曾广泛使用，从而导致艾滋病病毒广为传播。当时，世界卫生组织力求尽早消灭发展中国家的传染病，以非洲为主战场，脊髓灰质炎是首选目标。

> **知识小链接**
>
> **脊髓灰质炎**
>
> 脊髓灰质炎是由脊髓灰质炎病毒引起的一种急性传染病，临床表现主要有发热、咽痛和肢体疼痛，部分病人可发生弛缓性麻痹。脊髓灰质炎流行时以隐匿感染和无瘫痪病例为多，儿童发病较成人为高，普种疫苗前尤以婴幼儿患病为多，故又被称为小儿麻痹症。

1998年，美国科学家哈恩则认为，有相当多的证据证明，艾滋病出现得更早，因而不会是脊髓灰质炎疫苗引发的大规模传播。艾滋病是在打猎、屠宰和食用未煮熟的肉食时，由受感染的动物血液感染人的皮肤和黏膜患病的；而被污染的针头是导致艾滋病病毒在人群中迅速传播的原因。

哈恩认为，胡珀只提出了一个假说，但不能证明黑猩猩或黑白眉猴的肾，曾被用来制作疫苗。

美国威斯塔研究所曾从事脊髓灰质炎疫苗研制的希拉里·科普罗斯基，对脊髓灰质炎疫苗–艾滋病病毒假说甚为不满而且持激烈的否定态度。他说，如果按照胡珀的观点，脊髓灰质炎疫苗引起艾滋病传播，那未免太具讽刺意味！因为当时世界卫生组织拟在全球消灭脊髓灰质炎，正对疫苗研制作最后冲刺。如果相信胡珀之说，那他和其他研制疫苗的研究人员岂不成了魔鬼？胡珀的观点建立在偏见之上，并不是事实，胡珀必须用事实和证据说话。

为了解析胡珀假说的真伪，科学家趋向用实验证实，而要确认是否曾用动物的肾生产疫苗，就只有靠巴克的冰箱解决问题了。

自1992年以来，世界上剩余的一种脊髓灰质炎口服疫苗被非洲数百万儿童接种，以预防脊髓灰质炎（小儿麻痹症）。这些疫苗贮藏在一个冰箱里，这个冰箱被保存在美国费城威斯塔研究所的一个大冰箱内，只有该所所长巴克有这些冰箱的钥匙。正是这些脊髓灰质炎疫苗，被怀疑引起了艾滋病大传播，因为这些疫苗正是在20世纪50年代生产的。

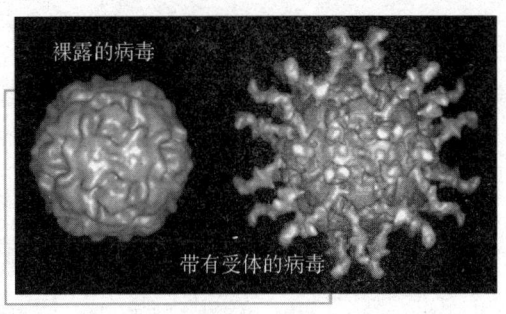

脊髓灰质炎

根据实验要求，巴克必须打开冰箱，将脊髓灰质炎疫苗样品分送到3个独立的实验室检测，以证明这些疫苗是否含有艾滋病病毒或艾滋病病毒前体。

巴克表示，为了避免媒体带来的压力，这3间实验室目前暂时都保密，以保证研究的双盲性。亦即是说，各个实验室都不知道其他实验室在做什么，这样才能保证研究结果的客观性。

与此同时，世界上顶尖级的一个线粒体DNA分析实验室，正在致力于鉴别用于生产脊髓灰质炎疫苗的灵长目动物。

2000年2月，威斯塔研究所宣布找到了当年生产疫苗的样本。接着，该研究所请英国、法国、德国同行对样本进行分析，结果没有发现任何黑猩猩肾脏细胞以及艾滋病病毒踪迹。在随后进行的第二次分析中，研究人员在样本中发现了短尾猴的肾脏细胞，但是短尾猴并未被艾滋病病毒感染。

2000年9月，德国莱比锡的马克斯·普朗克研究所与世界上首次分离出艾滋病病毒的法国巴斯德研究所，在英国伦敦皇家学会的一次会议上指出，他们通过实验分别得出这样一种结论："由于20世纪50年代为非洲大约100万人注射脊髓灰质炎疫苗时不慎传播了艾滋病病毒，从而导致了今天非洲艾滋病灾难"一说毫无根据。但是，颇有意思的是，这一结论并未动摇胡珀——脊髓灰质炎疫苗–艾滋病病毒假说的始作俑者，坚持自己说法的信念。

科学界公认引发艾滋病的艾滋病病毒，最初存在于中非西部的黑猩猩身上，只是不知道何时以何种方式传播给了人类；对此，普遍的推测是，猎人在非洲追捕黑猩猩时，被携带艾滋病病毒的黑猩猩抓破了皮肤，或者是猎人在宰杀黑猩猩时不小心划破手指被感染。

目前，研究人员握有被艾滋病病毒感染的3个人类早期标本：1959年收集的一位生活在刚果民主共和国的成年男性的血浆；1969年收集的在美国圣·路易斯死亡的一位非洲后裔的人体组织标本；还有一个是1976年死亡的一位挪威海员的人体组织标本。

对此，美国著名华裔科学家何大一研究小组曾有一个结论。

1998年，何大一领导的阿伦·戴蒙艾滋病研究中心，对1959年采集的血浆标本进行了研究分析。他们认为，在非洲班图部落一名男性体内发现的艾滋病病毒，是目前在全世界传播的艾滋病病毒亚型HIV-1的祖先；而从艾滋病病毒亚型HIV-1的进化程度推断，其感染人类的时间应当是1959年以前不太长的一段时间。

此后，2000年1月，美国洛斯阿拉莫斯国家实验室的科伯博士，通过收集各种数据建立了一个复杂的数学模型，然后由计算机模拟艾滋病病毒进化过程，进而得出结论说，艾滋病病毒亚型HIV-1是在1910至1930年间进入人体的；地点是西部非洲。科伯认为，他的结论误差时间可能为20年。那么，1986年蒙特尼尔等人从西非艾滋病患者体内分离出来的艾滋病病毒亚型HIV-2又是什么年代进入人体的呢？比利时生物学家范达美，从几内亚比绍的一个小镇坎丘果采集艾滋病病毒亚型HIV-2感染者样本，并与当地黑白眉猴的猴免疫缺陷病毒（SIV）进行比较分析，得出结论说，艾滋病病毒亚型HIV-2中的艾滋病病毒亚型HIV-2A，于1940年前后从黑白眉猴传到人；而艾滋病病毒亚型HIV-2B，则于1945年前后从黑白眉猴传到人。

2003年5月12日，美国科学院院刊刊发了范达美的研究报告。该报告指出，由于历史上战争、奴隶贸易等，使得输血等行为盛行，从而使艾滋病病毒亚型HIV-2广泛传播，比如1966年，几内亚比绍就出现了第一例因输血而感染艾滋病病毒亚型HIV-2的病例；而且，几内亚比绍1963—1974年的独立战争，与艾滋病病毒亚型HIV-2开始流行有着时间上的一致性。

　　研究发现艾滋病病毒或源自猴子。科学家们在论文中指出，发现黑猩猩体内的SIV病毒可能源自两种猴子病毒的重组产物具有重要意义。这证明了除人类之外，还有一种类人猿会在自然条件下通过跨物种传播而携带两种不同的SIV病毒。

人的头颅可以移植吗？

　　在当今的医学领域里，人体器官的移植已经算不上什么新鲜事了，但要是来一个更大胆、更彻底的移植，比如改头换面又会怎么样呢？美国克利夫兰市凯斯大学的怀特博士提出的设想就是实实在在地把一个人的头移植到另一个人的身体上。这听起来有点像科幻小说里的奇想，然而怀特博士充满信心。他说，换头虽然不能在明天就获得成功，但实现它几乎是可以肯定的。

　　怀特博士这一语出惊人的说法，并非仅仅来源于理论假说。凯斯大学的科研人员在他领导下已经用猴子做过多次换头手术，获得了大量的实际经验。他们的做法是首先把移植的头颈部的动脉和静脉连接起来，再把气管和食管连接起来，最后是缝合颈部的肌肉和皮肤，一般在手术之后6个小时左右，改头换面的猴子就会苏醒过来，逐渐感受生命中的新的变化。经过换头之后的猴子不仅能够转动眼球，跟着怀特的手指去看，而且它们的嗅觉、味觉也很快恢复正常，它们还能用爪子去摸脸。

　　怀特博士是国际知名的神经外科专家，已经先后发表专业论文700余篇，其中许多理论深受同行推崇。怀特博士很早就开始了对人体换头手术的研究，从他第一次在猴子身上实现换头手术至今已经有几十年了。他说："我们在猴子身上的成功实验使我们相信在人体上也同样可以获得成功，而且我们估计

伟大的基因工程

人体的换头手术会更容易一些，因为人的颈部结构远比猴子的要大，容易施行手术。"

怀特博士更愿意将换头称为整体移植，他认为整体移植具有保全生命的极大潜力，特别是对于全身瘫痪的病人意义极大。这些病人由于多种内脏器官受损，被认为不再有为之进行脏器移植治疗的必要，但假如给他们换一具完好的躯体，他们就能够生存下去。事实上已经有众多瘫痪病人向怀特博士申请接受整体移植手术，希望有朝一日怀特博士能够获准施行这一手术，解除他们肢体残缺的痛苦。在一次跳水事故中落下左半身瘫痪残疾的科利戈·维托维斯表示，愿意第一个接受换头手术。尽管有一些志愿者甘愿接受怀特博士的拓荒实验性的手术，但有关当局却没有认可和批准这项手术实施的意向，至少目前在美国是这样。对此，怀特博士深有感慨地说："我不认为这样一个手术会引起有关伦理道德的争议，况且这里根本不存在伦理道德问题，我们是在拯救生命。"

以怀特博士为首的外科专家们必须要面对的一个难题是：如何在换头之后完好地接通脊髓，只有脊髓连接畅通，才能使改换了承载体的头颅有可能和新的身体通上"电"，从而指挥驱动与它连接起来的身体。随着近年来脊髓研究的迅速发展，科学家们预言这一问题可以得到圆满的解决。怀特博士充满信心地说，他们在这方面的研究已经取得了实质性的进展，而只要这个问

你知道吗

动脉和静脉

动脉是从心脏运送血液到全身各器官（包括心脏本身）的血管。动脉（除了肺循环的动脉以及脐动脉）运送的是含氧量高的血液。但是人体的动脉中，只流动着全身20%的血液，其他的血液主要贮存于有容量血管之称的静脉和毛细血管中。人类最大的动脉要数主动脉，直径有3厘米。

静脉是循环系统中使得血液流回到心脏的血管，大多数静脉携带的血液含氧量较低，二氧化碳含量较高。肺循环的静脉和脐静脉中的血液氧浓度则是最高的，而二氧化碳浓度是最低的。

题解决了，经过手术连接而成的新人就可以恢复肢体的行动功能，进而完全像一个正常人一样行动坐卧。既然整体移植手术不妨害伦理道德，又有足够的技术把握，为什么不能将它付诸实施呢？怀特博士坦率地说："是新闻媒介的围攻，再有就是我们还无法知道一个接受了整体移植手术的病人能够存活多久。"不过他认为，当初心脏移植手术刚刚开始施行时，也曾有过同样的疑问。

除了技术上的问题，整体移植还涉及种种其他问题。比如，躯体奉献者的亲友们对于将他的身体连接到另一个头颅上的现实，在心理上能否接受？假设某人的妻子的躯体被移植在另一个头颅上，那么这个新的合成人该算是谁呢？是某人的妻子有了一副新面孔，还是另一个女人拥有了某人之妻的身体？这里引申出来的是有关身份、个性甚至社会归属、人际关系等一系列更为复杂的问题。怀特博士表示他还没有时间去深入探讨这方面的问题。

伟大的基因工程

基因工程的展望

　　目前生物科技突飞猛进,日新月异,生物技术在许多领域正在发挥着越来越重要的作用。基因工程产品在农业领域无孔不入;在医学领域取得显著进展,已有一些遗传工程药物取代了常规药物,克隆技术的进展更为拯救濒危物种及探索多种人类疾病的治疗方法提供了前所未有的机会。但近年来一些反对的声音越来越受到重视。从1986年英国发现疯牛病,到比利时污染鸡查出致癌的二恶英和可口可乐在法国导致儿童溶血症,欧洲人对食品安全颇有些风声鹤唳,关于转基因食品可能危害人类健康的假设如条件反射一般让他们望而生畏。

　　任何事物都有其两面性,基因如同一把双刃剑一样,既可以造福人类,又可以危害人类。但是,我们要看到基因对人类发展的价值是不可估量的,只要我们趋利避害,合理科学的开发利用,基因必将成为未来人类科学进步的主力军。

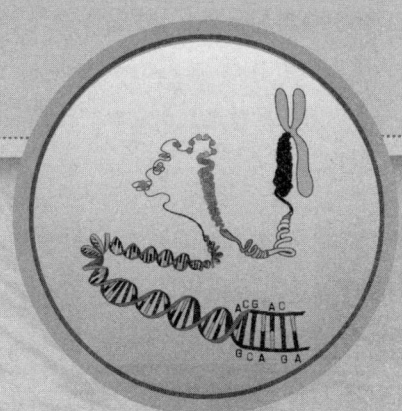

伟大的基因工程

基因工程与医药卫生

基因工程药物，是重组 DNA 的表达产物。广义地说，凡是在药物生产过程中涉及基因工程的，都可以称为基因工程药物。在这方面的研究具有十分诱人的前景。

基因工程药物研究开发的重点是从蛋白质类药物，如胰岛素、人生长激素、促红细胞生成素等的分子蛋白质，转移到寻找小分子药物。这是因为蛋白质类药物的分子一般都比较大，不容易穿过细胞膜，因而影响其药理作用的发挥，而小分子药物在这方面就具有明显的优越性。另一方面对疾病的治疗思路也开阔了，从单纯的用药发展到用基因工程技术或基因本身作为治疗手段。

知识小链接

耐药性

耐药性是指药物治疗疾病或改善病人症状的效力降低。当投入药物浓度不足，不能杀死或抑制病原时，残留的细菌可能具有抵抗此种药物的能力。例如细菌可能因抗生素产生的活性氧诱发 DNA 突变而造成耐药性。耐药性也指因长期服药，造成相同剂量却不如当初有效的情况。耐药性产生的原因也可能是抗生素的滥用，或未按处方服药。

现在，还有一个需要引起大家注意的问题，就是许多过去被征服的传染病，由于细菌产生了耐药性，又卷土重来。其中最值得引起注意的是结核病。据世界卫生组织报道，现已出现全球肺结核病危机。本来即将被消灭的结核病又死灰复燃，而且出现了多种耐药结核病。科学家还指出，在今后的一段时间里，会有很多感染细菌性疾病的人将无药可治，同时病毒性疾病日益增多,防不胜防。不过与此同时,科学家们也探索了对付的办法,他们在人体、昆虫和植物种子中找到一些小分子的抗微生物多肽,它们仅有30多个氨基酸,对细菌、病菌、真菌等病原微生物能产生较强的杀伤作用,有可能成为新一代的"超级抗生素"。除了可用它来开发新的抗生素外,这类小分子多肽还可以在农业上用于培育抗病作物的新品种。

目前,基因工程在医药卫生领域的应用非常广泛,主要包括以下两个方面:

1. 生产基因工程药品,如胰岛素、干扰素和乙肝疫苗等。基因工程药品是制药工业上的重大突破。

2. 用于基因诊断与基因治疗。基因工程技术还可以直接用于基因的诊断和治疗。目前用基因诊断方法已经能够检测出肠道病毒、单纯疱疹病毒等许多种病毒。基因治疗是把健康的外源基因导入有基因缺陷的细胞中,达到治疗疾病的目的。利用此法,恶性肿瘤、艾滋病、心血管疾病和糖尿病等,都可以被人类征服。

广角镜

干扰素

干扰素是动物细胞在受到某些病毒感染后分泌的具有抗病毒功能的宿主特异性蛋白质。细胞感染病毒后分泌的干扰素能够与周围未感染的细胞上的相关受体作用,促使这些细胞合成抗病毒蛋白,防止进一步的感染,从而起到抗病毒的作用,但干扰素对已被感染的细胞没有帮助。干扰素是1957年英国科学家在研究病毒干扰现象时发现的。所谓病毒干扰现象就是一种病毒感染某个细胞后能够干扰随后的其他病毒对该细胞的感染。

基因工程与农牧业

基因工程在农牧业生产上的应用主要是培育高产、优质或具有特殊用途的动植物新品种。基因工程在农业方面的应用主要表现在两个方面。首先,是通过基因工程技术获得高产、稳产和具有优良品质的农作物。例如，用基因工程的方法可以改善粮食作物的蛋白质含量。其次，是用基因工程的方法培育出具有各种抗性的农作物新品种。自然界中细菌的种类是非常多的，在细菌身上几乎可以找到植物所需要的各种抗性，如抗虫、抗病毒、抗除草剂、抗盐碱、抗干旱、抗高温等。如果将这些抗性基因转移到农作物体内，将从根本上改变农作物的特性。

基因工程在畜牧业上的应用也具有广阔的前景，科学家将某些特定基因与病毒 DNA 构成重组 DNA，然后通过感染或显微注射技术，将重组 DNA 转移到动物受精卵中。由这种受精卵发育成的动物可以获得人们所需要的各种优良品质，如具有抗病能力、高产仔率、高产奶率和高质量的皮毛等。

基本小知识

除 草 剂

除草剂是一类用来杀死植物的药剂。这些药剂能够选择性地作用于特定目标，使其他对于人类有用的农作物不受伤害，或受的伤害较小。有些除草剂能干扰杂草的生长，这类除草剂通常以植物激素为基础。用来清理荒废土地的除草剂能够杀死所有与其接触的植物。

基因工程与环境保护

基因工程可以用于环境监测、被污染环境的净化，还可以用于回收和利用工业废物，如造成环境污染的农药。凡此种种，都是一些可望取得成功和发展前景十分光明的研究课题。

1. 在工业上，由于用微生物进行发酵生产要比在大田中进行农牧业生产具有许多优越性，因而它已成为农牧业发展的一个远景方向。而要实现这一目标，基因工程将是最有效的手段。例如，有人设想并正在试验将抗生素生产菌放线菌或霉菌的有关遗传基因转移至发酵时间更短、更易于培养的细菌细胞中；将动物或人产胰岛素的遗传基因转移至酵母或细菌的细胞中；将家蚕产丝蛋白的基因引入细菌细胞中；把人或动物生产抗体、干扰素、激素或白细胞介素等的基因转移至细菌细胞中；把不同病毒的表面抗原基因转移到细菌细胞中以生产各种疫苗；用基因工程手段提高各种氨基酸发酵菌的产量；构建分解纤维素或木质素以生产重要代谢产物的工程菌；用基因重组技术培育工业和医用酶制剂等高产菌的工作等。

拓展阅读

放线菌

放线菌是原核生物的一个类群，大多数有发达的分枝菌丝。其菌丝纤细，宽度接近于杆状细菌，为 0.5～1 微米。放线菌可分为：营养菌丝，又称基质菌丝，主要功能是吸收营养物质，有的可产生不同的色素，是菌种鉴定的重要依据；气生菌丝，叠生于营养菌丝上，又称二级菌丝。

　　这类工作如获成功，其经济效益将是十分显著的。例如，目前用 10 万克胰脏只能提取 3～4 克胰岛素，而用"工程菌"进行发酵生产，则只要用几升发酵液就可取得同样数量的产品。1978 年，美国有两个实验室合作，使大肠杆菌产生大白鼠胰岛素的研究已获成功。接着，媒体又报道了通过基因工程使大肠杆菌合成人胰岛素实验成功的消息。研究者在实验室中曾将人胰岛素 A、B 两链的人工合成基因分别组合到大肠杆菌的不同质粒上，然后再转移至菌体内。这种重组质粒可在大肠杆菌细胞内进行正常的复制和表达，从而使带有 A、B 链基因的"工程菌"菌株分别产生人胰岛素的 A、B 链，然后再用人工的方法，在体外通过二硫键使这两条链连接成有活性的人胰岛素。另外，在 1977 年，国外已利用基因工程技术，使大肠杆菌生产出一种名为生长激素释放因子 SRIH 的动物激素（一种十四肽，能抑制其他激素的释放和治疗糖尿病等）。它原来要从羊的脑下垂体中提取，宰 50 万头羊也只能提取 5 毫

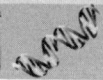

克的产品,而现在只要用10升发酵液就可获得同样的产量。

近年来,国外应用遗传工程获得这类产品的例子正不断增多,尤其是多肽类物质,如脑啡肽(大脑中的镇痛物质)、卵清蛋白、干扰素(用于治疗病毒性感染)、胸腺素α-1(有免疫援助因子的作用,可治疗癌症)、乙型肝炎疫苗和口蹄疫病毒疫苗等。我国学者也奋起直追,在脑啡肽、α-干扰素、γ-干扰素、人生长激素、乙型肝炎疫苗、含乙肝表面抗原基因的牛痘病毒株以及青霉素酰化酶

拓展阅读

口蹄疫

口蹄疫是牛和猪的一种非致命的病毒传染病。它也可以感染鹿、山羊、绵羊和其他偶蹄动物。马和人类感染口蹄疫的病例则非常少。1897年,弗里德里希·吕弗勒首先揭示口蹄疫起因为病毒。他将感染动物的血液穿过良好的瓷玻璃过滤器,发现收集到的液体还能够在健康动物中致病。

等的基因工程研究中,取得了一系列令人鼓舞的成果。

2. 在农业上,基因工程的应用也十分广阔,几个主要的应用领域包括:①将固氮菌的固氮基因转移到生长在重要农作物的根际微生物或致瘤微生物中去,或是干脆将它引入到这类农作物的细胞中,以获得能独立进行固氮的新型农作物品种。根据估算,利用前一方法,其研究经费仅及通过常规方法发展氮肥工业以达到同样效果的0.05%~0.5%;而后一途径则更省事;②将木质

你知道吗

青霉素

青霉素是指分子中含有青霉烷、能破坏细菌的细胞壁并在细菌细胞的繁殖期起杀菌作用的一类抗生素。青霉素是很常用的抗菌药品,但每次使用前必须做皮肤敏感试验,以防过敏。1928年,英国伦敦大学圣玛莉医学院细菌学教授弗莱明在实验室中发现青霉菌具有杀菌作用,1938年由麻省理工学院的钱恩、弗洛里及希特利领导的团队提炼出来。弗莱明因此与钱恩和弗洛里共同获得了1945年诺贝尔生理学或医学奖。

素分解酶的基因或纤维素分解酶的基因重组到酵母菌内，使酵母菌能充分利用稻草、木屑等地球上贮量极大并可永续利用的廉价原料来直接生产酒精，并可望为人类开辟一个取之不尽的新能源和化工原料来源，保护生态环境；③改良和培育农作物和家畜、家禽新品种，包括提高光合作用效率以及各种抗性基因工程（植物的抗盐、抗旱、抗病基因以及鱼的抗冻蛋白基因）等。

世界各国对转基因生物及其产品管理的出发点，基本上都是在保障人类健康。力求在保障农业生产和确保环境安全的同时，促进其发展，使之为人类创造最大的利益。

对于转基因技术的发展，我国政府一方面采取措施，鼓励、支持、推动国际国内的研究开发，反对以生物安全为借口限制生物技术的发展或构筑贸易壁垒；另一方面，对生物安全问题的广泛性、潜在性、长期性、严重性予以高度重视，坚决反对单纯追求商业利益、局部利益的行为。同时充分考虑伦理、宗教等诸多社会经济因素，以对全人类和子孙后代长远利益负责的态度努力做好生物安全管理工作。

转基因食品的发展

转基因农作物早已大面积种植，食用转基因食品的人群超过 10 亿，至今没有转基因食品不安全的实例。转基因食品安全性的长期效应由此可见一斑。因此，对待转基因食品安全性长期效应问题，应该有一个科学的态度，应坚持安全性的实质等同原则。现在我国已培育出了一批转基因农作物品种，有些已经做了多年的田间实验，产业化条件已经成熟，应该进一步不失时机地推进产业化，以满足我国人民日益增长的消费需求。

但在促进转基因食品发展的同时，还应注意以下问题：

1. 利用转基因技术能生产出更有营养，更宜贮存和更能促进健康的食品，对工业化国家和发展中国家的消费都有好处，对缓解或解除粮食危机具有重

伟大的基因工程

要意义。各国应有计划的一致行动,研究转基因技术可能对环境及人类带来的正、负面影响,并且要将这种影响与目前使用的常规农业技术所产生的影响相比较来评估,即以实质等同的原则来进行评估。

2. 对动、植物进行负责任的遗传修饰或使用,确保转基因技术在实质上不会有危害性。传统的遗传育种与转基因技术相比缺乏灵活性和精确性,并因此而缺乏可预期性,其风险绝不比转基因技术低。

3. 夸大转基因食品的潜在危险性,缺乏研究依据的推测,可能会使消费者对食品安全产生认识混乱,从而在根本上阻碍转基因技术的发展。

4. 转基因技术和转基因食品客观存在的风险性有可能使一些该技术发展滞后的国家设置粮食贸易上的技术壁垒。

5. 积极发展转基因技术及食品产业,同时对技术和产品进行严格的监管。安全发展的转基因技术无疑正在并将继续领导一场新的生物及农业科技的产业革命。人类也可能将因此而衣食无忧。

基本小知识

转基因食品

转基因技术指通过生物技术把基因片断从生物中分离出来,然后植入另一种生物体内的技术。含有通过转基因技术制造出来的新品种食物就是转基因食物。例如,北极一种鱼的体内的某个基因有防冻作用,科学家将它抽出,植入番茄里,于是就制造出新品种的耐寒番茄。这种番茄以及含有这种番茄成分的番茄酱则是转基因食物。

转基因食品的安全性

1998年,英国阿伯丁罗特研究所普庇泰教授的研究报告称,幼鼠食用转基因土豆后,会使内脏和免疫系统受损。这是对转基因食品提出的最早的,所谓拥有科学证据的质疑。虽然1999年5月英国皇家学会宣布此项研究没有任何有力的证据，但它还是在全世界范围内引发了对转基因食品安全性的讨论。

长期食用转基因食品的历史证明，食品中的DNA及其降解产物对人体无毒害作用。任何基因都由4种碱基组成，目前转基因食品中所使用的外源基因，不管其来源如何，其组成与普通DNA并无差异。

广角镜

免疫系统

免疫系统是生物体内一个能辨识出"非自体物质"（通常是外来的病菌，小至病毒，大至寄生虫。），从而将之消灭或排除的整体工程之统称。它能从自身的细胞或组织辨识出"非自体物质"。所有植物与动物都具有先天免疫系统。

转基因食品被食用后，其中绝大部分DNA早已被降解，并在肠胃中失活。那剩下的极少部分是否会水平转移呢？例如转基因食品中含有抗生素抗性标志的基因，它能否通过转基因食品传递给人畜肠道的微生物，并在其中表达，影响人畜口服抗生素的药效呢？这种可能性很小，除非在特例中需加以考虑。因为DNA转移并整合进入受体细胞是一个非常复杂的过程，该过程要求DNA必须与细胞结合且受体细胞必须呈感受态。消化系统中也没有DNA转至微生

知识小链接

感受态

细胞处于能够吸收DNA的状态称感受态，处于感受态的细胞称作感受态细胞。受体细胞可经过一些特殊方法的处理，使细胞膜的通透性发生变化，成为能容许多有外源DNA的载体分子通过的感受态细胞。例如：野生型大肠杆菌并不容易转化，这是由于DNA无法进入野生型大肠杆菌的细胞。经过多年的努力，科学家们发现了一种方法可以增加细胞吸收外源DNA的效率。那就是用化学方法处理细胞，使其改变膜对DNA的通透性。

伟大的基因工程

物的机制,所以转基因食品中的新基因或活的转基因微生物将标志基因传递给人或家畜的肠道微生物,危害人或家畜的健康的可能性很小。

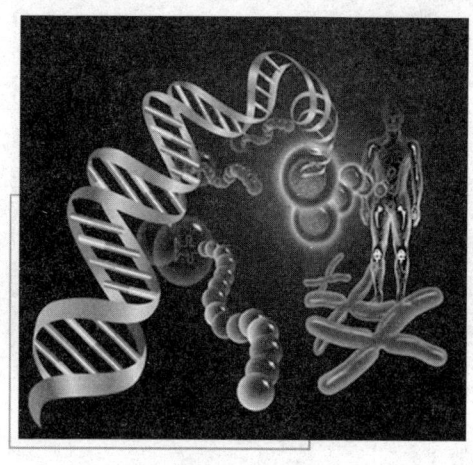

DNA 与蛋白质

其次是外源蛋白质的食用安全性问题。外源蛋白质的安全性需考虑到其直接毒性、过敏性、因蛋白的催化功能而产生的副作用。引起食品过敏症的大多数转基因食品中都引入一种或几种蛋白质,它们在加工、烹调和食用过程中相对稳定,这些异种蛋白有可能引起食品过敏,特别是对儿童和过敏体质的成人。有报道称,对巴西坚果过敏的人食用转入巴西坚果基因的大豆后会发生过敏。目前被批准商业化生产的转基因食品中的外源基因都必须通过相关的试验,分析基因表达蛋白的化学组成、含量、每天摄入量以及在消化道的稳定性。例如一种转基因延熟番茄中外源基因编码产生的外源蛋白质经与有关的毒性蛋白质进行同源性比较,未发现与已知的毒性蛋白质具有同源性。由于外源基因含量很低,其编码的蛋白质量也很少,只占番茄果实中总蛋白质含量的0.08%,因此人体每天摄入的外源蛋白质的量非常少。用该外源蛋白

基本小知识

过 敏

过敏是属于炎症反应,是指当一些外来物侵入人体时,人体的免疫系统产生的过度反应,也就是将外来抗原解读为有害的物体所产生的变态反应,从而使免疫细胞中的吞噬细胞开始活化,释放出组织胺与前列腺素,组织胺与前列腺素会使微血管扩张、血管通透性增加、发痒、平滑肌收缩,小则皮肤出现红斑麻疹,重则导致皮肤肿胀发热,甚至会导致死亡。过敏症状指的即是这些不正常的反应。

质进行小白鼠急性毒性试验的结果表明,饲喂量达 500 毫克/千克体重时,不会产生不利影响。所以从外源蛋白质的毒性方面看,食用这种转基因番茄不会产生安全性问题。此外,体外模拟试验证明,这种转基因番茄中外源蛋白质的稳定性较差,在模拟胃的条件下(pH 值 1.2 的胃蛋白酶溶液,37℃),该蛋白质在 10 秒内即被降解,目前也无证据说明该蛋白质降解产生的多肽比其他蛋白质降解后的多肽毒性大。

另外,转基因技术能否对人类所处的生态环境、食物链等形成间接的影响也确实应该引起人们的注意。据报道,转基因玉米分泌转基因表达的毒素传至土壤,可与土壤中的颗粒结合并在土壤中残留几个月。另外,由于种植耐除草剂的转基因植物后,农药的使用量也会随之提高,长久可出现耐受性强的杂草株。从营养成分的基因改良角度考虑,转基因食品的氨基酸、碳水化合物、脂肪以及其他微量成分的种类及构成高分子物质的排列顺序有所变化,天然毒素的含量也可能发生变化,因此必须对转基因食品与常规食品的关键成分进行实质等同性鉴定,来判定其是否可以安全食用。

▶ 基因技术:进退两难的境地

新生儿溶血症

新生儿溶血症是由于母亲和胎儿的血型不同而引起的疾病。若母亲体内有对抗胎儿血型的抗体,这些抗体便会经过胎盘,进入胎儿体内,攻击胎儿的红血球,引起溶血反应,严重的话可能致死。

转基因农作物在舆论界引发争议不足为怪。但在同属发达世界的大西洋两岸,转基因技术的待遇迥然不同却是一种耐人寻味的现象。当美国 40% 的农田种植了经过基因改良的农作物、消费者大都泰然自若地购买转基因食品时,此类食品在欧洲何以遭遇一浪高过一浪的喊打之声?

伟大的基因工程

从直接社会背景看，目前欧洲流行"转基因恐惧症"情有可原。从1986年英国发现疯牛病，到后来比利时污染鸡查出致癌的二恶英和可口可乐在法国导致儿童溶血症，欧洲人对食品安全颇有些风声鹤唳，关于转基因食品可能危害人类健康的假设如条件反射一般让他们望而生畏。同时，欧洲较之美国在环境和生态保护问题上一贯采取更为敏感乃至激进的态度，这是转基因食品在欧美处境殊异的另一缘故。欧洲各国媒体的环保意识过于强烈，往往对可能危害环境和生态的问题穷追不舍甚至进行夸张的报道，这在很大程度上左右着公众对诸如转基因问题的态度。

但是，欧洲人对转基因技术之所以采取如此排斥的态度，似乎还有一个较为隐蔽却很重要的深层原因。实际上，在转基因问题上欧美之间既有价值观念之差，更是经济利益之争。与一般商品不同，转基因技术具有一种独特的垄断性。在技术上，美国的生命科学公司一般都通过生物工程使其产品具有自我保护功能。其中最突出的是"终止基因"，它可以使种子自我毁灭而不能像传统农作物种子那样被再种植。另一种技术是使种子必须经过只为种子公司所掌握的某种"化学催化"方能发育和生长。在法律上，转基因农作物的种子一般是通过一种特殊的租赁制度提供的，消费者不得自行保留和再种植。美国是耗资巨大的基因工程研究最大的投资者，而从事转基因技术开发的美国公司都熟谙利用知识产权和专利保护法寻求巨额回报之道。美国目前被认为已控制了相当大份额的转基因产品市场，进而可以操纵市场价格。因此，欧洲抵制转基因技术实际上也就是抵制美国在这一领域的垄断。

基因技术在许多领域正在发挥越来越重要的作用：基因工程产品在农业领域无孔不入，基因工程农作物开始在美国农业中占有重要位置；基因技术在医学领域取得了显著进展，已有一些基因工程药物取代了常规药物，医学界已在几方面从基因研究中获利；克隆技术的进展为拯救濒危物种及探索多种人类疾病的治疗方法提供了前所未有的机会。目前研究人员正准备将生物技术推进到更富挑战性的领域。但近来警惕遗传学家的行为的声音越来越受到重视。

今天，人们借助于所谓的 DNA 切片已能同时研究上百个遗传基质。基因的研究达到了前所未有的发展高度，但是，生物学的发展也有其消极的一面。对新的遗传学持批评态度的人总喜欢描绘出一幅可怕的景象：没完没了的测试、操纵和克隆，毫无感情的士兵，基因很完美的工厂工人……遗传密码使基因研究人员能深入到人们的内心深处，并给研究者提供了操纵生命的工具。然而遗传学能否朝好的研究方向发展还完全不能预料。

后基因组生物学研究

后基因组生物学，即人类基因组的全核苷酸顺序测定工作完成之后的生物学。这时的生物学该是个什么样子？生物学该研究些什么？这些问题目前我们还不能十分有把握地回答。

在这一阶段，我们将能够对更多的疾病在基因中找到答案，我们将能够对更多疾病应用基因药物来治疗。本来基因是不应申请专利的，被授予专利的只限于发明，而不是发现。但是，每克隆一个与疾病有关的基因，搞清它的作用机制并制成基因药物用于临床，平均要投入 1 亿美元。有投入就必须有回报，如果投入者的成果最后大家都能享用，那么投入者的先期投入将无法收回，其后果一是打击了投入者的积极性；二是限制了投入者对新项目投入的能力。所以，人类基因现在也被授予了专利。如肥胖基因，该基因的克隆曾被一家生物制药公司以 3000 万美元收购；但该公司并未自己生产减肥药物，而是在第二年以 7000 万美元的高价转手获利，年利率高达 250%。可见，与基因有关的买卖将会在今后大量涌现。

2001 年以后的药物，很多是基因药物，基因既然可以申请专利，就会变成一项有利可图的产业。在这个产业中，我国该如何做呢？10 万基因我们能"抢"到多少呢？在基因研究方面我们应该做些什么呢？这是值得我国科学界深思的问题。

伟大的基因工程

1997年11月11日，联合国教科文组织在巴黎召开大会，通过了《人类基因宣言》。该宣言指出：每个人身上的基因物质是"人类的共同遗产"，不应成为盈利的手段。这就是说，科学研究应该与商业行为分开，科学研究可以从商业机构那里得到资助，但科学成果应该是人类的共同财富。

后基因组生物学研究是在已知基因序列的基础上进行基因功能的研究，即收集、整理、检索和分析基因序列中表达的蛋白质的结构与功能等信息，找出规律，发现重要功能基因，使其具有经济用途。后基因组生物学的研究重点将从揭示生命的所有遗传信息转移到在整体水平上对功能的研究，从基因组整体水平上对基因的活动规律进行阐述。

后基因组生物学所要解决的核心问题就是如何破译天文数字般的DNA信息所编码的蛋白质功能以及占人基因组序列95%以上的非编码区的调控功能。如检测基因表达水平，即检测基因的差别表达进而找出与疾病相关基因和变异的基因；检测基因多型性；从整体基因组水平上考察生物的代谢途径，如细胞分化发育阶段转换的关键时刻基因表达的差别和特点等。同时人们尽管对约占人类基因组95%的非编码区的作用还不太了解，但从生物进化的观点看来，这部分序列必定具有重要的生物功能，它们与基因在四维时空的表达调控有关。寻找这些区域的编码特征、信息调节与表达规律是未来相当长时间内的热点课题。

在后基因组生物学时代，生物学家面对的不仅是序列和基因而是越来越多的完整基因组，对这些完整基因组研究所

趣味点击 联合国教科文组织

联合国教科文组织全称为联合国教育、科学及文化组织，成立于1945年11月16日，是联合国的一个专门机构，其总部设在法国巴黎。该组织的宗旨在于通过教育、科学及文化来促进各国间的合作，对和平与安全作出贡献，以增进对正义、法治及联合国宪章所确认的世界人民不分种族、性别、语言或宗教均享人权与基本自由之普遍尊重。

导致的比较基因组学必将为后基因组生物学研究开辟新的领域。随着生物技术的发展，找到人类10万个基因的碱基序列是指日可待的事，因而确定人的上千个原癌基因和几万个与疾病相关基因表达产物的氨基酸顺序也会逐步实现，然而要找到这些蛋白质致病的分子基础，只有氨基酸顺序的知识是不够的，必须知道它们的三维结构，因此蛋白组学的研究显得异常重要，基于蛋白质的结构与功能的药物设计将成为后基因组生物学研究的重中之重。另外医药基因组学也是一个重要方向，它能揭示人的基因多样性和变异性是如何影响药物效果和安全性的。一方面通过医药基因组学研究可根据病人的基因检测结果因人施药；另一方面，在新药整个开发过程中，很多环节都需要该研究，如影响药物作用的是哪些基因、这些基因变异的类型如何。通过医药基因组学的研究还可以发现与药物效应有关的基因，并以其为靶点研制新药，然后在鉴定与药物分布、活化、代谢等有关的基因及其变异等情况下，预测新药在不同个体内的效果和安全性。